Katharina Bacher &
Theresa Sommerbichler

WALD & WORT

Katharina Bacher &
Theresa Sommerbichler

Die Natur erleben und dir selbst begegnen

Illustriert von Veronika Halmbacher

Verlag Freies Geistesleben

ISBN 978-3-7725-3225-2

Verlag Freies Geistesleben
Landhausstraße 82, 70190 Stuttgart
www.geistesleben.de

Bei Fragen zur Produktsicherheit wenden Sie sich an
info@geistesleben.com
Umschlag: Veronika Halmbacher
Layout & Satz: Bianca Bonfert
Druck und Bindung: DZS Grafik, Ljubljana
Printed in Slovenia

FSC www.fsc.org MIX Papier | Fördert gute Waldnutzung FSC® C106600

Druckprodukt mit finanziellem Klimabeitrag
ClimatePartner.com/13357-2604-1009

VOR
WALD & WORT

„UND DANN HABE ICH NATUR UND KUNST UND POESIE, UND WENN DAS NICHT GENUG IST, WAS IST DANN GENUG?“

VINCENT VAN GOGH
IN EINEM BRIEF AN
SEINEN BRUDER THEO

Was ist **WALD&WORT**?

Angefangen hat diese Aneinanderreihung und zugleich Verbindung von wunderbar anmutenden Begriffen nicht erst als wortverspielter Buchtitel. Vielmehr verkörpert WALD&WORT jene zwei Lebensbereiche, denen wir uns verschrieben haben: Theresa dem Wald und Katharina dem Wort. Wie es jedoch zu genau dieser vereinfachten und doch tiefsinnigen Version gekommen ist, illustriert die folgende kleine Zeitreise:

Es ist Anfang März 2022 und ein bitterkalter Wintertag. Ein kleines, verschlafenes Dorf in den Alpen Österreichs wird zum Schauplatz des ersten Aufeinandertreffens: Katharina hält in der dortigen Bibliothek eine Lesung aus ihrem ersten Buch, Theresa sitzt im Publikum und lauscht. Nach der Lesung kommen die beiden ins Gespräch. Theresa erzählt Katharina von ihren geführten Walderlebnissen und findet sich in Katharinas poetischen Wortwelten wieder. So lädt sie diese kurzerhand ein, gemeinsam etwas daraus wachsen zu lassen. Was es sein wird, weiß keine der beiden zu diesem Zeitpunkt. Doch lange dauert es nicht und die ersten Ideen sprießen.

Kurz darauf befinden sich die beiden bereits im regen Austausch: Sie wollen ein Format ins Leben rufen, in dem Poesie und literarische Impulse mit geführten, achtsamen Wanderungen durch die Natur verbunden werden. Der Wald soll als Begegnungsort mit sich selbst dienen, die Worte noch tiefer eintauchen lassen in die eigenen Gefühls- und Empfindungswelten. Geplant werden Themenschwerpunkte, inhaltliche und praktische Impulse, Wege werden abgesteckt und -gegangen, Teilnehmende gesucht und gefunden. Das Format steht und: *Als Namen für unser Format hab ich viele Ideen, doch eine ist mir im Herzen geblieben:*

WALD&WORT

Einfach, klingend und so stimmig – was sagst du dazu?, so schreibt Katharina genau drei Monate nach ihrem ersten Aufeinandertreffen in einer der zahlreichen E-Mails, die die beiden austauschen.

Aus der ersten WALD&WORT-Veranstaltung in besagtem Ort in den Alpen (der übrigens in vereinfachter Weise ihrer beider Ursprung darstellt), starten Ende des Sommers an einem verregneten Tag zehn Teilnehmende gemeinsam mit Theresa und Katharina in ein Abenteuer, das größer werden wird, als es sich die beiden ausmalen konnten.

Ab diesem Zeitpunkt planen und veranstalten Theresa und Katharina regelmäßig achtsam geführte Wanderungen mit poetischen Impulsen, WALD&WORT eben. Bis zu dem Moment, an dem sie beschließen: Wir machen ein Buch daraus! Wir teilen mit der Welt, was WALD&WORT für uns ist! Wir lassen Menschen selbst tätig werden, laden sie in ihren eigenen Wald ein und lassen sie durch konkrete und kreative Anleitungen und Anregungen einen Schritt näher zu sich selbst gehen. Die Idee ist geboren und so auch die Anfänge zu diesem Buch.

Als die beiden nun an der Idee arbeiten, erkennen sie bald: Dieses Buch braucht Farben! Bilder, die es zum Leben erwecken,

lieblich, aber natürlich, mit Wiedererkennungswert und Wohlfühlcharakter. Beim Durchstöbern diverser Illustratorinnenportfolios sind sie sich auf Anhieb einig: Künstlerin Vroni Halmbacher soll ihren Wortwelten und Walderlebnissen ein Gewand geben. Sie fragen diese, ob sie denn Lust und Kapazitäten hätte, dieses Buch mit ihnen umzusetzen. Vroni zögert keine Sekunde – und ohne viel darüber zu wissen, sagt sie zu. Mit viel Vertrauen in das Projekt und einer guten Prise Bauchgefühl.
Und so ist das Team rund um WALD&WORT komplett und kann loslegen …

Willkommen bei WALD&WORT!
Wir betreten diesen Wald gemeinsam, er ist kein gewöhnlicher Wald. Er ist dein Wald! Dein Wald, in dem du dich ganz fühlst und loslassen darfst. Zu jeder Jahreszeit, in jedem Gemütszustand – lass die Worte dich berühren und den Wald dich umhüllen.

WALD&WORT ist eine Einladung an dich: Geh in den Wald und einen Schritt näher zu dir. Alles in diesem Buch meint dich. Wir nehmen dich an der Hand, Schritt für Schritt.

Wälderwärts werden wir wandern, Wald und Wort werden wir erkunden.

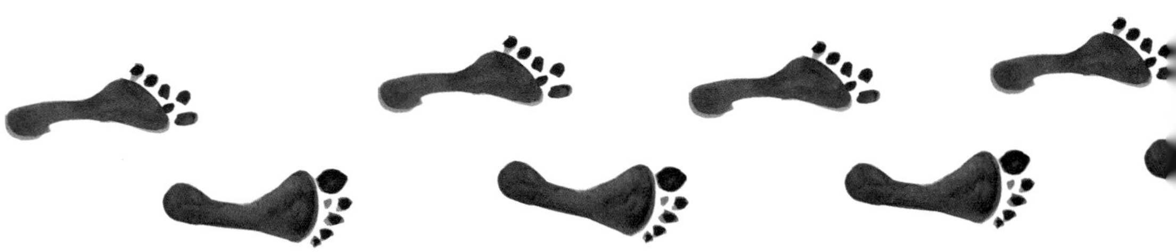

Wegbegleitung

Dieses Buch ist deine Wegbegleitung. Pack es ein, nimm es mit, schlage es auf, wo auch immer du bist. Jeder Baum ist genug, jedes Stückchen Wiese, jeder Funken Natur lassen dich WALD&WORT erleben.

Wir sind weder Therapeutinnen oder Ärztinnen noch Biologinnen. Dieses Buch ist also kein Ersatz für eine medizinische Konsultation jeglicher Art. Immer wieder werden wir Waldwissen-Impulse geben, unter anderem auch, was im Wald essbar ist. Iss aber nur, wenn du dir zu 100 % sicher bist, dass es die erwähnte Pflanze und diese ungiftig ist.

Nun, da du die Eckpfeiler dieser Wanderung kennst, lege los – in deinem Tempo, auf deine Weise. Wir laden dich zuallererst ein, anzukommen und loszulassen.

Überall, wo du diese Symbole siehst, findest du

 Waldwissen

 Waldübungen

 Waldrezepte

 Gedankenseiten

Halte nach diesem kleinen Weidenblatt Ausschau, um mehr Infos zum jeweiligen Thema oder ein paar Tipps zu bekommen.

WALD-ABC

Alles im Wald nährt sich aus sich
Beim Betrachten denke ich nach
Chemie, sie findet dort überall statt
Daheim an diesem Ort
Es fehlt ihm an nichts
Fülle an Wachstum
Ganzheit der Abläufe
Hoch oben wiegend
Immer weiter wachsend
Junggeblieben und alt verwurzelt
Kälte aushaltend
Lunge der Erde
Mitunter unumgänglich
Niemals alleine
Oftmals bedroht
Perfekt aneinander gewöhnt
Quellen liegen hier verborgen
Rätselnd stehe ich darin
Schaue nach oben und unten
Trete ein in die Tiefe
Ursprünge der Welt
Verschiedenartig
Wo immer er auch sein mag
X-fache Vielfalt
Yin und Yang, Anfang und Ende, alles in allem
Zusammen funktionierend, nur zusammen

ANKOMMEN & LOSLASSEN

WALDEINWÄRTS SCHAFFEN WIR DIE ERSTEN BERÜHRUNGS-PUNKTE ZUR NATUR. WIR LASSEN ZURÜCK, WAS UNSER GEDANKENKARUSSELL KREISEN LÄSST, UND ÖFFNEN UNSERE SINNE WEIT.

Eingeladen in den Wald

Wir sind Gäste im Wald. Besuchen ihn, lassen uns in ihm nieder, aber nichts zurück. Der Wald ist kein Erlebnispark, keine Unterhaltungsplattform – wir sind Gäste in ihm und ein achtsamer Umgang mit all den Lebewesen und -formen ist Voraussetzung für den Besuch.

Der Wald lädt uns ein, erwartet aber keine Mitbringsel. Was wir allerdings mitbringen können, sind unsere offenen Sinne, unsere Achtsamkeit der Natur gegenüber und eine gesunde Einschätzung von Nähe und Distanz. Wir treten durch seine Eingangspforte, verhalten uns wie im Haus eines guten Freundes. Wir stürmen nicht durch die Zimmer, sondern kommen langsam an. Und wir fragen uns: Welche Hausregeln gibt es? Wie gut kennen wir den Wald, in dem wir uns bewegen?

In diesem ersten Kapitel treten wir nicht nur in den Wald ein, sondern auch sanft in uns selbst. Wir erforschen, was wir für ein gutes Ankommen brauchen. Wie viel Sicherheit, wie viel Freiheit erwarten wir?

Blättern wir nun auf und weiter und lassen uns durch die nächsten Seiten tragen …

Mein Zuhause im Wald

Such dir deinen Platz im Wald. Wie sollte er sein – dein Wohlfühlort? Mit Moos bewachsen, mit guter Aussicht auf die Baumkronen, dicht umgeben von Bäumen oder auf einer kleinen Lichtung, wo du viele Waldkräuter entdecken kannst?

Vielleicht möchtest du dir hier ein kleines Örtchen schaffen, zu dem du regelmäßig zurückkehren kannst. Einen Miniatur-Zaun aus Zapfen drumherum bauen, dir eine Art Tisch aus herumliegenden Rinden oder Ästen zimmern oder vielleicht wirst du besonders kreativ und lässt ein kleines Tipi entstehen?

Schaff dir dein Zuhause im Wald. Anschließend darfst du begutachten, was du dir da Schönes erschaffen hast.

Bitte beachte, dass du lediglich aus herumliegenden Ästen, Zapfen, Steinen, Rinden etc. etwas Kleines baust ohne irgendetwas, was du von zuhause mitbringst. Hinterlasse den Wald so unberührt wie möglich.

Wann fühlst du dich angekommen?

Waldeinwärts

Waldeinwärts wiegt mein Blick,
waldeinwärts mein Gemüt,
waldeinwärts führt mein Weg,
dorthin, wo es in mir blüht.
Waldeinwärts will mein Herz,
waldeinwärts immerzu,
waldeinwärts will ich gehen,
komm hier in meine Ruh.

Der Wald & du

Was macht ein regelmäßiger, mehrstündiger* Spaziergang im Wald mit dir? Ein Einblick in die Wissenschaft.

- Blutdruck und Puls regulieren sich: Spür mal in dich hinein, wenn du regelmäßig länger im Wald bist. Wenn dein Puls und Blutdruck sehr hoch sind, können sie langsamer werden und sinken. Umgekehrt können dein Puls und Blutdruck auch in Schwung gebracht werden.
- Moderate Bewegung auf unebenem Untergrund stärkt Koordination, Balance und Beweglichkeit. Am besten barfuß. Zudem aktivierst du sanft deine Muskulatur. Auch der Stoffwechsel wird angeregt, was zu einer nachhaltigen Leistungsentwicklung führt.
- Deine Atemwege werden dank der frischen Waldluft frei. Die grünen Riesen sorgen nämlich dafür, dass im Wald fast keine Luftverschmutzung herrscht.
- Sogenannte BVOCs (Biogenic Volatile Organic Compounds, auf Deutsch: biogene, flüchtige organische Verbindungen) wirken beruhigend auf dein Nervensystem und lindern Stress. Es sind natürliche Duftstoffe, die von Bäumen, Moosen und

***mehrstündig und regelmäßig?
Ja, das ist die offizielle Empfehlung.
Doch denk dran: Jede achtsame
Minute in und mit der Natur stärkt
dein Bewusstsein dafür.
A little goes a long way!**

Mikroorganismen abgegeben werden. Besonders die BVOCs Limonen und Pinen sind nervenberuhigend; sie sind zum Beispiel in Wacholder, Tanne, Latschenkiefer zu finden. Neueste Studien haben ergeben, dass ebendiese Duftstoffe eine antioxidative und entzündungshemmende Wirkung auf die Atemwege haben, geistige Müdigkeit verringern und deine kognitive Leistung sowie deine Stimmung heben.[1]

- Es gibt Hinweise darauf, dass deine Schlafqualität nach einem mehrstündigen Aufenthalt im Wald verbessert wird.
- Der Wald hat eine hohe mikrobielle Biodiversität, was ein antientzündliches immunologisches Gleichgewicht im Organismus schafft und somit wie eine ‹sanfte Impfung› wirkt.[2]
- Waldbaden kann Angstzustände verringern.[3]

Das also sagt die Wissenschaft. Und nun, wie geht so ein achtsamer Waldspaziergang?

Die Antwort ist so vielfältig wie buntes Herbstlaub. Zuallererst brauchst du dich dafür. Dich und deine offenen Sinne. Wie du diese öffnen kannst, weißt du vielleicht bereits oder versuchst es mit dieser poetischen Übung:

1 Antonelli M., Donelli D., Barbieri G., Valussi M., Maggini V., Firenzuoli F. (2020). *Forest Volatile Organic Compounds and their effects on Human Health: A State-of-the-Art Review.*
2 Statement von Dr. Arnulf Hartl zum Alpinen Waldbaden in Gastein.
3 Statement von Dr. Gisela Immich, Wissenschaftlerin am Institut für Umweltmedizin der Universität Augsburg, im Zuge einer Fortbildung von Theresa

Baumwunder

**Vor mir steht er, dieser starke Baum. Jahre schon, Jahrzehnte, Jahrhunderte vielleicht. Ehrfürchtig folgt mein Blick dem Stamm entlang ganz nach oben. Die Rinde kross und brüchig, sie schützt den Baum, ummantelt ihn und bildet Orte zum Leben an seiner Oberfläche, darin und dahinter.
Weiter oben zieren ihn die ersten Äste. In alle Richtungen streckt er seine Arme. Die Blätter, die an ihnen wachsen, verteilen sich und kennen ihre Aufgabe.
Staunend liegt mein Kopf in den Nacken gestützt, weit nach oben richtet sich mein Blick. Wie viele Meter er wohl empor ragt? Wie viele Jahre er wohl hinauf wächst? Wie viel Energie in ihm wohl nach oben steigt, zu jeder Zeit?
Wie viel Kraft er braucht, um so hoch zu wachsen? Wie stark verwurzelt er sein muss, um Wetter und Wind zu trotzen? Vor mir steht er, dieser starke Baum. Mein Blick nach oben, meine Gedanken nach innen. Vor mir steht er und ich vor ihm. Er wird bleiben, ich gehe weiter.**

Probiere es aus: Bebaumwundere auch du!

All deine Sinne kommen zusammen

Nimm dir einen Moment Zeit. Schließ deine Augen, wenn dir das möglich ist. Oder fokussiere deinen Blick auf einen konkreten Punkt – das wird im Yoga übrigens «Drishdi» genannt, im Österreichischen sagt man «Narrenkastl-Schauen».

Nimm für 5 – 8 Atemzüge ganz bewusst wahr, was du fühlen kannst: den Waldboden, die Erde unter dir, die Rinde eines Baumes, den Wind oder die Sonne im Gesicht. Für weitere 5 – 8 Atemzüge konzentrierst du dich auf deinen Geruchssinn. Wie duftet der Wald für dich? Selbiges machst du mit dem Gehörsinn. Wie hört sich die Symphonie des Waldes für dich an? Aus welchen Geräuschen besteht sie? Was kannst du für 5 – 8 Atemzüge in deinem Mund schmecken? Zu guter Letzt öffnest du die Augen wieder, beziehungsweise lässt deinen Blick wieder schweifen, und nimmst für 5 – 8 Atemzüge wahr, was du sehen kannst.

Momente im Wald

Bastle oder lege dir auf dem Waldboden aus Zweigen oder Zapfen, aus Blättern oder Steinen einen Bilderrahmen zurecht. Klein oder groß, rund, quadratisch, rechteckig oder als Dreieck – so, wie du es richtig findest. Nimm nun alles wahr, was in diesem kleinen Rahmen geschieht. Konzentriere dich nur auf diese

Miniaturwelt, die vor dir in deinem Gebilde ist. Welche Farben, Muster und Strukturen kannst du sehen? Welche Lebewesen halten sich darin auf? Und was verändert sich in den nächsten Minuten darin? Nimm dir hier ruhig 5 – 10 Minuten Zeit zum Wahrnehmen. Stell dir auch gerne einen Timer, wenn du das brauchst, um abzuschalten.

Geschichten aus dem Wald

Lass uns Geschichten schreiben, die wir später gerne erzählen. Am besten im Wald. Wir haben alle ein Bild im Kopf, wenn wir das Wort «Wald» oder «Baum» hören oder lesen. Was fällt dir ein? Welche Geschichte gibt es dazu? Hast du positive oder negative Erinnerungen an den Wald, die du gerne mit anderen teilen möchtest? Vielleicht aus deiner Kindheit oder ein Erlebnis, das noch gar nicht lange her ist?

Dann mach das gerne mithilfe des folgenden QR-Codes. Die verschiedenen Wald-Stories werden regelmäßig, selbstverständlich anonym, auf unserem Instagram-Kanal @waldundwort geteilt oder in unseren Lesungen verwendet.

Und was,
wenn kein Wald in Sichtweite ist?

... wenn du im Betonwald wohnst oder keinen direkten Zugang zur Natur hast?

Keine Sorge. Oftmals reicht schon ein einzelner Baum, ein kleines Stück Wiese oder der Park um die Ecke, um Schritt für Schritt näher zur Natur zu finden.

Loslösen und Loslassen

Loslösen heißt immer auch ein Stück weit, uns zu verabschieden. Wir setzen unsere Grenzen und nehmen uns als Ganzes wahr, indem wir uns von etwas entfernen, loslösen.

Was lassen wir gerne zurück?

Was hängt sich schwer an?

Wie geht Loslassen?

Und was hat all das mit dem Wald zu tun?

Diesen Fragen werden wir auf den (Erd-)Grund gehen, uns aktiv im Loslassen üben, zurücklassen, was uns beschwert und immer wieder eintreten in einen Wald voller Möglichkeiten.

Gedankenstein

Such dir einen Stein. Er sollte größer sein als der Fingernagel deines Daumens, aber kleiner als deine Handfläche. Dein Stein ist Aufenthaltsort für alle Gedanken in deinem Kopf. Positive, negative und neutrale. Alle Ängste, Sorgen, Zweifel, alle Erwartungen an dich und dieses Buch, alle Beurteilungen und Aufgaben, die zu erledigen wären. Stell dir vor, dass all das in deinen kleinen Stein wandern darf und für die restlichen Minuten oder Stunden dort gut aufgehoben ist. Es ist unendlich viel Platz darin – also keine Sorge, es gibt kein Zuviel oder Zuwenig. Du kannst deinen Stein stillschweigend oder leise flüsternd «befüllen».

Im Anschluss daran wählst du einen geeigneten Platz im Wald für deinen Stein aus. Dort darf er liegen bleiben und alles, was in deinem Kopfkino herumschwirrt, auch. Wenn du deine Gedanken nach deiner achtsamen Naturerfahrung wieder mitnehmen möchtest, dann mach das gerne oder lass deinen Findling einfach an dem wohlbehüteten Platz im Wald liegen.

Gut zu wissen: Der Stein kann auch aus der Ferne befüllt werden.*

***Natürlich wissen wir, dass der Stein keine Ohren hat und eigentlich nichts hineingelegt werden kann. Und doch: In der Fantasie geht das.**

Wozu das Ganze?

- Das Gedankenkarussell wird verlangsamt, ernst genommen und abgegeben.
- Du bist fokussierter, kreativer und offener für das, was wirklich gerade passiert.
- Der Wald wird dein sicherer Wohlfühlort, an dem du DU sein darfst.
- Du kannst dich auf all die kommenden Übungen leichter einlassen.

Waldesgänger

Waldesgänger hüte dich –
denn du wirst beim Betreten und Verlassen ein-
und desselben Waldes nicht der Gleiche bleiben.

Waldesgänger wandle –
durch des Waldes Gänge, durch von Menschen
benannte Welten.

Waldesgänger entsage –
dem Draußen fortan, sei hier und verweile.

Waldesgänger recke dich empor –
den Höhen nahe, dem Sonnenlicht, den Kronen.

Waldesgänger erspähe –
der Natur Wunder, der Zeiten Zeugen.

Waldesgänger schaue –
in die Weite, in die Nähe,
finde dich am Boden wieder.

Waldesgänger huldige –
was immer sich nun vor dir ausbreitet.

Waldesgänger verstehe –
was du siehst, war vor dir hier
und wird nach dir sein.

Loslassen in praktisch?

Wie geht nun loslassen? In der Theorie klingen die Dinge meist leicht, doch wie sieht es im echten Leben aus? Wie wäre es, das Loslassen in vereinfachter Form zu üben?

Heb es auf und lass es los

Hebe einen Naturschatz deiner Wahl (Zapfen, Blatt, Nadel, Stein, Samen oder Frucht) auf, streck dich mit ihm so weit es geht nach oben und in die Länge – dann lass ihn zu Boden fallen.

Was beobachtest du dabei? Wo landet er? Wie schnell oder langsam fällt er auf die Erde und kannst du dabei ein Gefühl in dir selbst wahrnehmen?

Ach, wenn loslassen nur immer so einfach wäre.

Die Lärche – Veränderungen wahrnehmen

In der Phänologie* gibt es zehn Jahreszeiten. Jede davon wird durch eine oder mehrere Zeigerpflanzen sichtbar gemacht. Beobachte das Aufblühen, das Reifen einer Frucht, die Färbung oder den Abwurf der Blätter und du wirst Vorfrühling bis Winter ganz genau ablesen können.

Als Symbol fürs Loslassen, für dieses erste Kapitel, haben wir die Zeigerpflanze «Lärche» gewählt. Der einzige Nadelbaum, der loslässt. Und zwar seine Nadeln, in weiser Voraussicht auf den Winter. So schützt sich die Lärche vor Frostschäden und Trockenstress.

***Phänologie bezeichnet die Erscheinungslehre. Pflanzen können uns durch ihre witterungs- bzw. klimaabhängigen Lebensäußerungen Veränderungen im Jahresverlauf sichtbar machen.**

Wie die Zeigerpflanze

Wie die Zeigerpflanze
den Boden und seine Beschaffenheit,
die Luft und ihre Frische,
das Wasser und seine Nährstoffe
anzeigt –
so will ich dein Zeigermensch sein,
der dir
den Grund und seine Tiefe,
den Alltag und seine Magie,
die Leichtigkeit und ihre Essenz
aufzeigt.
Ich will da sein,
um darauf hinzuweisen,
zu signalisieren,
offen sichtlich zu machen,
welch Kraft in dir steckt,
welch Wunder du birgst,
welch Zeigermensch du für andere bist.

Heilsame Waldsalbe

Das brauchst du:

200 Gramm Bio-Olivenöl
60 Gramm Lärchenharz
20 Gramm Bienenwachs
(vegane Alternative: Rosen- oder Beerenwachs verwenden)

So geht's:

Gib das Lärchenharz in ein sauberes Baumwoll- oder Leinentuch und lass dieses kleine Päckchen im Topf* mit Olivenöl bei 60 – 80 °C mindestens eine Stunde ziehen. Das Harz löst sich im Fett auf und der Schmutz wird im Tuch aufgefangen.

Nimm das Päckchen aus dem Harz-Öl-Gemisch heraus und brösle das Wachs hinein. Dieses löst du nun bei ca. 70 °C darin auf.

Fülle die fertige Salbe in sterile Tiegel und warte ab, bis sie ganz ausgehärtet ist, bevor du das Gefäß verschließt.

Wofür?

Deine fertige Waldsalbe unterstützt dich bei spröden Lippen, trockener Haut, Wunden und Fieberblasen. Zudem kann sie als Zugsalbe (im Sinne von «ziehend») hilfreich sein.

***verwende einen Topf, der zum Harzsalben-Topf werden darf. Er wird nämlich nie mehr derselbe sein wie zuvor.**

Tröpfchen formen sich
fallen
fallen
fallen
immer nach unten
immer zur Erde.
Tröpfchen formen sich
wieder
wieder
wieder
und fallen.

Der erste Schritt

Es wird nicht sofort sein.
Nicht beim ersten Schritt,
nicht beim Betreten des Waldes.
Es wird nicht sofort sein.
Deine Anspannung wird sich nicht sofort
in Entspannung verwandeln.
Deine Angst wird nicht sofort
zu Vertrauen werden.
Deine Unsicherheiten werden nicht sofort
der Klarheit weichen.
Deine Schwere wird sich nicht sofort
in Leichtigkeit auflösen.
Es wird nicht sofort sein.
Doch.
Es beginnt. Mit einem Schritt.
Und mit jedem Schritt
wirst du näher zu dir kommen.
Wirst erkennen, was du brauchst.
Was du willst.
Was du bist.
Es wird nicht sofort sein.
Nicht beim ersten Schritt.
Doch.
Der erste Schritt muss sein.

VERFLECHTEN
&
VERBINDEN

(NATUR-)VERBUNDENHEIT MIT UNS SELBST UND DEM WALD

Was brauchst du, um dich verbunden zu fühlen?

Verbundenheit

Wir wünschen uns Verbundenheit. Mit uns selbst, den Menschen um uns und der Welt.

Wir brauchen die Verbundenheit, und trotzdem scheint oft das Gegenteil der Fall zu sein: Unsere Meinungen klaffen immer weiter auseinander, unsere Ansichten reiben sich und wir beharren auf einen Punkt, den wir unseren Standpunkt nennen.

Wie kann nun der Wald dazu beitragen, uns mit uns selbst und gar mit anderen zu verbinden?

Verbinden ist aktiv, ist ein Tunwort. Uns zu verbinden heißt, unser Band mit dem Band der anderen zusammenzuführen. Etwas zu *verbinden*, meint im ursprünglichsten Sinne, etwas durch eine Binde zusammenzufügen, fest miteinander zu vereinigen. Es eins werden zu lassen. Zu verbinden meint beide Seiten.

Verbinden ist ein Tunwort.

In diesem Kapitel verflechten wir uns mit unserer Kreativität, den Schätzen des Waldes und mit unserer eigenen Natur. Das bedeutet, genau hinzusehen, uns ehrlich mit unserer Umgebung zu verbinden und sie wirklich auf uns wirken lassen.

Verbinden mit dem Wald

Auf den Boden setzen im Wald
ihn von einer anderen Perspektive kennenlernen
nach oben und nach unten schauen.

An einen Baumstamm lehnen
dich gehalten wissen von ihm
dein ganzes Gewicht an ihn abgeben
die Beständigkeit in deinem Rücken spüren.

Über das nasse Moos streichen
feine Fasern kleinster Pflanzen mit Fingerspitzen-
gefühl berühren
frische Regentropfen deine Haut benetzen lassen
nahe am Grund bleiben
kalte Erde spüren
durch Sonne gewärmte Fleckchen schreiten.

Den Blick in die Weite werfen
Licht- und Schattenspiele bewundern
Insekten im Lichtkegel auf- und niederflattern
sehen
den Wald vor lauter Bäumen ganz bewusst
wahrnehmen
die Augen schließen für einen Moment
dem Konzert des Waldes zu lauschen.

Die Wurzeln verfolgen, soweit sie gehen
in die Erde, auf der Erde
so gehalten sein wie der Baum,
der tief oder weit wurzelt.

Du bist Natur

Mach dich auf die Suche nach einem Naturschatz deiner Wahl. Ein Baum, ein Zapfen, ein Blatt, Rinde, Moos oder Flechte … und nimm das gefundene Objekt mit deinen Augen wahr. Wie verlaufen die Blattadern? Welche Farben und Strukturen hat dein Naturschatz? Lässt er sich formen, verbiegen oder brechen? Gibt es kleine Dellen oder Unebenheiten?

Vielleicht kannst du etwas Gemeinsames zwischen dir und dieser Kostbarkeit erkennen? So, wie das Blatt hast du Venen und Blutgefäße. So, wie die Rinde hast du Unebenheiten auf deiner Haut. So geradlinig wie der Grashalm ist auch dein Charakter manchmal. Welche Gleichnisse kannst du noch wahrnehmen? Finde Fünf.

Manchmal scheint es so, als ob die Natur von dir abgekapselt wäre. Aber dem ist nicht so.

Du bist Natur – Natur bist du.

Das große Ganze im Kleinen

Richte deinen Blick auf den Waldboden. Nimm wahr, was dort unten passiert, während du so zwischen den grünen Riesen wandelst. Und halte Ausschau nach einer Ameisenstraße. Beobachte diese umtriebigen Wesen und, wenn möglich, verfolge ihren Pfad von Anfang bis Ende. Welche Hindernisse, Hügel oder Täler müssen sie überqueren, um zurück ins Nest zu gelangen? Was ist wohl die Aufgabe jedes einzelnen quirligen Insekts, um Teil des großen Ganzen zu sein?

Welchen Auftrag hast du im großen, ganzen Geflecht?

Baum und Mensch

Was verbindet dich biologisch gesehen mit einem Baum?

- Biologisch gesehen sind wir Menschen mit Bäumen in einem Kreislauf verwoben. Bäume produzieren Sauerstoff und wir Kohlendioxid. Jeweils das, was der andere zum Überleben braucht. Wobei man hinzufügen muss, dass wir den Sauerstoff der Bäume zum Leben brauchen, sie unser Kohlendioxid nicht zwingend. Trotzdem ist es ein schöner Gedanke, dass wir auf den jeweils anderen im entfernten Sinne angewiesen sind.
- Zudem brauchen wir – so wie auch die grünen Riesen – Wasser, Sonne und Luft, um zu existieren.
- Unser Blut und der «Saft» (Rohsaft und Assimilat) des Baumes sind ziemlich ähnlich. Der einzige Unterschied? Menschen produzieren Hämoglobin, um Sauerstoff zu transportieren und Bäume haben stattdessen Chlorophyll, das Sonnenlicht einfängt, um Zucker aufzubauen. Die beiden gleichen sich aber fast in ihrer chemischen Zusammensetzung.

Quelle: Chuong Pham-Huy, Bruno Pham Huy: *Food and Lifestyle in Health and Disease*, CRC Press 2022.

«We protect what we love,
we love what we understand,
and we understand what
we are taught.»

«Wir schützen, was wir lieben;
wir lieben, was wir verstehen;
wir verstehen,
was uns gelehrt wird.»

Baba Dioum

Verbindung zwischen den Bäumen

Eine sehr eindrucksvolle Geste, die der Wald vollbringt, ist die Verbindung mit anderen Bäumen. Sie verbinden sich unterirdisch durch ein riesiges Pilzgeflecht, die Mykorrhiza-Pilze. Im Boden sind diese Pilze mit den Wurzeln der Bäume verbunden, leiten Nährstoffe und Wasser und geben Informationen weiter.[1]

Aber auch oberirdisch findet eine Kommunikation statt, und zwar mithilfe von Botenstoffen, den sogenannten BVOCs. Diese flüchtigen organischen Verbindungen werden ausgestoßen, um Nachbarbäume vor Schädlingen zu warnen und Nützlinge (Insekten und Vögel) anzulocken.

Mutterbäume – gibt's so was?

Immer wieder liest und hört man von sogenannten «Mutterbäumen». Eine Art Vermenschlichung der grünen Riesen: Alte, große Bäume versorgen den kleineren Nachwuchs über das Mykorrhiza-Pilzgeflecht. Aber ist dem wirklich so? Die Wissenschaft sagt: Es ist ungewiss. Eher wird vermutet, dass es um ein «Handeln» von Nährstoffen und weniger um gegenseitige Fürsorge geht.

1 Siehe auch: https://nph.onlinelibrary.wiley.com/doi/10.1111/nph.18935

Dennoch ist es ein schöner Gedanke, dass sich Bäume miteinander verbinden und ihre eigene Form der Kommunikation haben.

Wald & Werkeln

Im Wald finden sich zahlreiche «Werkstoffe», womit man werkeln, flechten und kreativ sein kann – zu jeder Jahreszeit. Im Frühling kannst du aus den frischen Blüten einen zarten Haarschmuck zaubern, im Sommer lassen sich Räucherbündel und Blumensträuße binden. Die bunten Blätter im Herbst laden zum Basteln ein und der Winter hält immergrüne Zweige für kreative Kränze bereit. Wir haben Ideen zum Werkeln, Flechten und Kreativsein für dich gesammelt. Schau dazu auch gerne mal auf unserer Pinterest-Pinnwand vorbei.

Buchtipp: Die Illustratorin von WALD&WORT, Veronika Halmbacher hat ein wunderbares Buch übers Kranzerlbinden veröffentlicht. Schau auf jeden Fall mal rein: *Das große Kranzerlbuch* von Elisabeth Dießl und Veronika Halmbacher, erschienen im Servus Verlag.

Gedankengeflecht

Gedanke um Gedanke verflechten sie sich:
die Ideen, die du hattest,
die Realität, die du schufst.
Gedanke um Gedanke verflechten sie sich –
aus mehr wird eins,
aus viel wird alles.
Aus Strängen, die aus unterschiedlichen Rich-
tungen herrühren,
wird ein gemeinsamer Strang.
Gedanke um Gedanke schaffst du dir die Welt,
in der du leben willst.
Verbindest dich und bist ganz.

Bartflechte

Flechten sind das Produkt einer Symbiose. Fast immer ist die Grundlage dafür ein Pilz, der sich mit einem Partner (Photobiont) verbindet, der Photosynthese betreibt. Meistens ist das eine Grünalge oder ein Cyanobakterium. Die beiden Partner wachsen gemeinsam an Borken* von Bäumen. Der Baum dient dabei lediglich als Plattform und Haltgeber.

***äußerste Schicht der Baumrinde**

In kühleren Gegenden mit Höhenlage entsteht die «Bartflechte». Sie ist ein sogenannter «Bioindikator», zeigt also gute Luft an und ist ein Kennzeichen dafür, dass das Mikrobiom eines Baumes sehr vielfältig und im Gleichgewicht ist. Die Bartflechte gilt als besondere Heilpflanze, die nicht nur als entzündungshemmend, sondern auch als antibiotisch und bakterienhemmend gilt. Man kann sie zu Tee oder Tinktur verarbeiten und innerlich sowie äußerlich anwenden. Außerdem eignet sich die Flechte in getrockneter Form zum Räuchern.

Flechten verbinden im übertragenen Sinne auch die Zeiten miteinander: Sie können bis zu 4.500 Jahre alt werden– unglaublich!

Die getrocknete Bartflechte ist besonders fein in Räuchermischungen mit Wacholderbeeren, Fichtenharz und Mistelkraut.

Unsere eigene Natur

**Es gibt verschiedene Prinzipien der Natur, die wir auf uns übertragen können. Natürlich sind wir keine Pflanzen, keine Bäume oder Blumen, aber im übertragenen Sinne kann es hilfreich sein, uns an der Natur zu orientieren, um unserer eigenen Natur entsprechend zu leben. Wollen wir uns vom Wind hin und her wiegen lassen, mit den Wurzeln tief in der Erde? Wollen wir uns zur Sonne hin strecken und durch sie in unsere eigene Höhe wachsen? Wollen wir Stacheln entwickeln, um nicht angegriffen zu werden? Wollen wir uns tarnen, uns einfügen in die Grüntöne der anderen? Wollen wir uns gegenseitig Nährstoffe zuschieben, wenn wir merken, jemand hat nicht genügend davon? Wollen wir im Herbst Energie sparen, im Winter ruhen, im Frühling aufblühen und im Sommer gedeihen? Wollen wir unsere Knospen nachts schließen und morgens öffnen? Wollen wir unsere eigenen Wunden heilen und in Symbiosen leben? Die Antworten darauf können wir nur in uns selbst finden. Doch die große Frage bleibt:
Wollen wir nach unserer Natur leben?**

SPÜREN
&
SPIELEN

SINNE, SINNE, SINNE UND WOFÜR WIR SIE IM WALD SPIELERISCH NUTZEN KÖNNEN.

Spüren und Spielen

Spüren und Spielen, zwei spaßige Worte, die sich vor uns tummeln. Spannend wird es hier – und spielerisch sowieso.

Wenn wir vom Spüren sprechen, meinen wir damit das Spüren im Außen, in den Sinnen, und das Spüren im Innen, im Herzen, Bauch und im Gefühl.

Und beim Spielen verhält es sich ähnlich: Wir erforschen den Wald mit allen Sinnen, berühren ihn, lassen uns von ihm berühren und ziehen neugierig in altbekannte Gefilde.

Was wir dafür brauchen, sind natürlich unsere offenen Sinne. Doch auch etwas Mut gehört dazu, um uns auf das verspielte Spüren einzulassen. Die gute Nachricht: Die Natur bietet unzählige Spielanlässe und lässt uns nicht nur ihre Texturen, Veränderungen und Tiefen spüren, sondern lädt in jeder Jahreszeit dazu ein, zu verlangsamen und uns selbst in ihr zu spüren. Und bevor diese sprachgewandten Stabreime dem Inhalt die Show stehlen, starten wir gleich mit Poesie, die gerne in die Tat umgesetzt werden darf.

Wach im Wald

In den Wald gehen, um aufzuwachen.
Um das Blätterreich tanzen zu sehen.
Um die Lichtstrahlen durch die Bäume
fallend zu verfolgen.
Um das Moos glänzend an den Oberflächen
zu beobachten.
Um die Geräusche der Ruhe
wahrzunehmen.
Um das Holz in seiner Rauheit,
seiner Sanftheit wachsen zu sehen.
In den Wald gehen, um aufzuwachen.

Fokus auf eine Sache

Halte Ausschau nach einem Naturschatz (Blatt, Moos, Zweig, Flechte, Zapfen, Nuss, etc.), der in deine Handfläche passt und such dir einen Wohlfühlplatz, dein zuvor gestaltetes Zuhause im Wald* vielleicht?

Setz, leg oder stell dich hin. Schließ deine Augen, wenn es sich gut für dich anfühlt, oder suche dir einen Fokuspunkt in der Nähe oder Ferne.

Atme ein paar Mal tief ein und aus.

Nimm nun deinen Naturschatz in die Hand und richte deine Aufmerksamkeit zunächst nur auf das Ertasten, Spüren und Fühlen. Wie fühlt sich die Oberfläche dieser kleinen Kostbarkeit an? Hart oder weich? Ganz trocken oder feucht? Rau oder glatt?

Nimm dir Zeit.

Dein Tastsinn darf sich nun wie ein Fühler zurückziehen und Platz machen für das Hören. Welche Geräusche kannst du hören? Wie klingt dein Naturschatz? Kannst du mit ihm Töne erzeugen? Lass dir auch hier ein wenig Zeit und drehe, wende, streichle diese kleine Kostbarkeit.

***Schau dazu gerne im Kapitel «Ankommen und Loslassen» auf Seite 17 vorbei. Dort wartet die Übung «Mein Zuhause im Wald» auf dich.**

Deine Aufmerksamkeit wandert weiter: zu deinem Geruchssinn. Wonach riecht dein Naturschatz? Kannst du den Geruch benennen? Muss man ihm überhaupt einen Namen geben? Der Geruchssinn ist zwar eng mit deinem Geschmackssinn verbunden, aber diesen lassen wir hier aus und bereiten uns lieber später einen wohlschmeckenden Fichtennadeltee mit Honig zu.

Wenn nicht schon geschehen, dann öffne deine Augen. Nimm deinen Findling mit dem visuellen Sinn wahr. Welche Muster, Strukturen und Farben kannst du erkennen?

Zum Abschluss nimm gerne noch ein paar tiefe Atemzüge und spür kurz nach. Vielleicht möchtest du deinen Naturschatz mit nach Hause nehmen und die Übung immer wieder umsetzen, wenn du den Eindruck hast, dass das Leben gerade an dir vorbeifliegt.

Glimmermomente

- ... sind kleine Momente im Alltag, die Freude, Ruhe und Wohlbefinden auslösen, die wir ganz bewusst wahrnehmen.
- ... sind eine Form der Selbstfürsorge und Selbstwirksamkeit.
- ... sind das Gegenteil von Triggern und helfen uns dabei, unsere Aufmerksamkeit auf das Gute und Positive zu lenken.
- ... der Duft von Kaffee am Morgen, ein Sonnenstrahl, der die Nasenspitze kitzelt, eine heiße Dusche nach einer kalten Winterwanderung, sich ins frisch bezogene Bett kuscheln, eine Umarmung, Sonnenlicht, das durch das Blätterdach der Bäume schimmert.

Momente finden

Finde die Magie der Glimmermomente im Wald und halte bei deinem nächsten Spaziergang in der Natur Ausschau danach. Teile sie gerne mit uns.*

***Markiere uns dafür in einem Posting oder in deiner Story @waldundwort. Wir teilen deinen Glimmermoment dann gerne mit der WALD&WORT-Community.**

Unebenheiten

Betaste die unebene Rinde, wanke am unebenen Untergrund, betrachte die unebene Flechte, gehe den unebenen Weg entlang, hebe meinen Blick in Richtung unebener Wipfel, fahre die unebene Maserung nach. Und frage mich ganz ehrlich: Warum sollte bei mir immer alles glattlaufen?

Schuhe aus. Sinne an.

Zieh deine Schuhe aus und nimm den Boden unter dir mit den nackten Füßen wahr. Welche Unebenheiten kannst du spüren? Fühlt es sich so an, wie du es dir vorgestellt hast? Gibt es Untergründe, die du barfuß nicht erkunden möchtest? Schlamm oder Steine zum Beispiel? Warum und wieso möchtest du diese Gegebenheiten vermeiden? War das immer schon so?

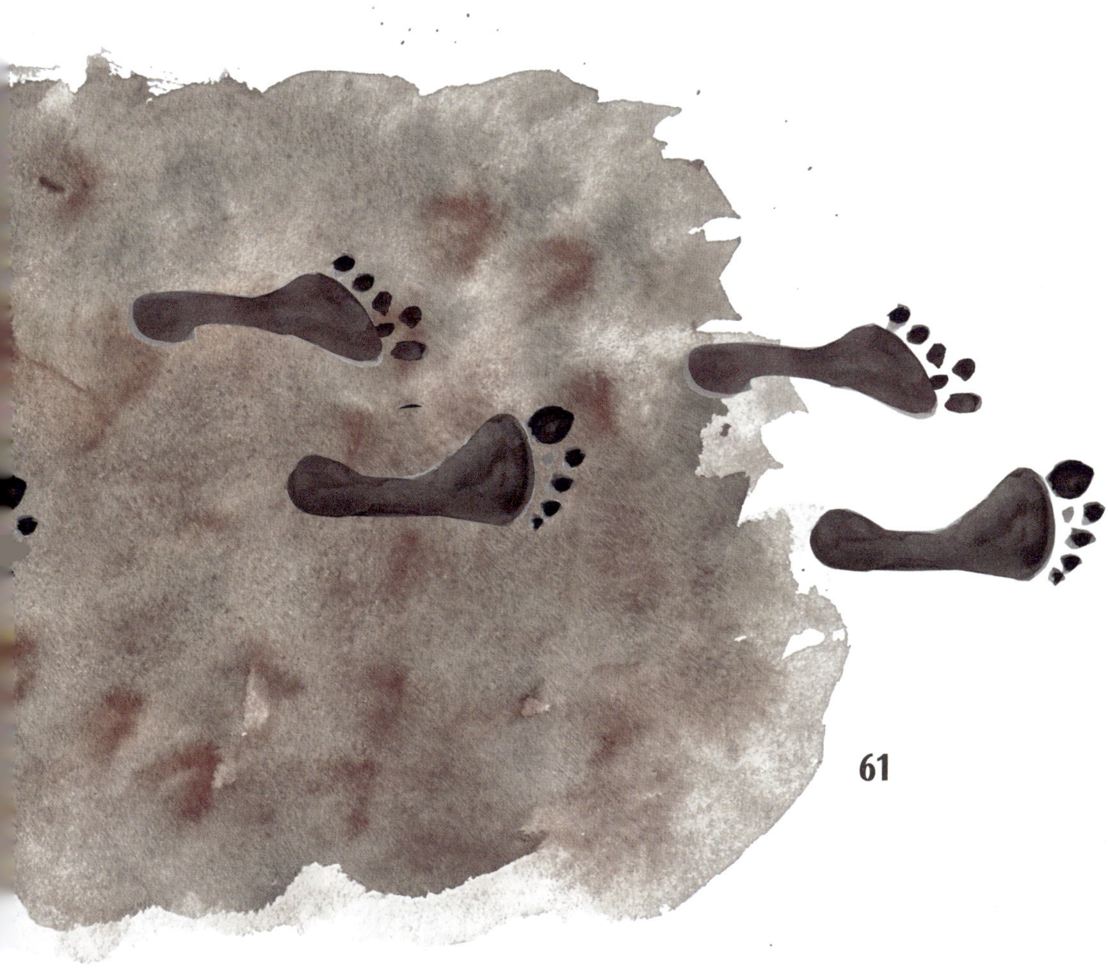

Welche Gedanken werden leiser, wenn du den Boden direkt berührst?

Moos

Wasserspeicher, Polsterfüllung und Dinosaurier. Drei Begriffe, die auf den ersten Blick nicht viel gemeinsam haben und doch vereint Moos ebendiese.

Wasserspeicher
Moos gilt als der Wasserspeicher im Wald. Es kann ein Vielfaches des Eigengewichts an Wasser speichern und hat somit eine Schutzfunktion vor Erosion und Trockenheit – sowohl für den Wald als auch für uns Menschen.

Polsterfüllung
Früher wurde Moos geerntet, getrocknet und als Füllung für Kissen, Matratzen und sogar Pakete verwendet.

Dinosaurier
Die kleine wurzellose Pflanze gilt als Dinosaurier. Man vermutet, dass sie bereits vor ca. 400 Millionen Jahren aus einer Grünalge entstanden ist. Welche Geschichten es wohl erzählen könnte?

Schau genau

Da, wo du jetzt gerade bist: Setz, leg oder stell dich hin. Und schau genau. Je genauer du hinschaust, desto mehr siehst du.

Die Weichheit des Mooses

Könnte das Moos mich hören, wenn ich zu ihm spreche, würde ich es fragen, woher es seine Weichheit nimmt. Ob es denn keine Angst habe, so klein und ungeschützt und doch so weich?
Ich würde das Moos fragen, ob es weiß, wie magisch es im Sonnenlicht leuchtet, wie wundersam es Bäume und Äste, Steine, Wurzeln und den Waldboden umhüllt.
Würde ich mit Moos sprechen, ich wäre ehrfürchtig – lebt es doch schon viel länger als ich und wird mich mit Sicherheit überdauern, überwachsen.

«Und dann muss man ja auch noch Zeit haben, einfach dazusitzen und vor sich hinzuschauen.»

Astrid Lindgren

Regenhaiku

Regen macht im Wald
Blätter, Boden, Lüfte frisch
gewaschenes Grün

Prozessjahreszeiten

Ich mag Prozesse, manchmal mehr als das Ende, mehr als das Produkt. Mag es, die Jahreszeiten dessen zu durchleben, wenn etwas kreiert, erschaffen wird - vorwärts geht.

Mag den Frühling, in dem sich Wege eröffnen, die Ideen sprießen, der Schnee durch Funken an Neuem langsam schmilzt, die ersten Knospen an Möglichkeiten an der Oberfläche erscheinen. Wo alles offen scheint, Zweifel von Regengüssen weggewaschen und die Wurzeln in alle Richtungen tiefer wachsen.

Ich mag den Sommer, in dem der Prozess in seiner vollen Blüte steht. In dem alles möglich ist, der Reichtum des zu durchlebenden Prozesses sichtbar und die Ernte nahrbar wirkt. Der Sommer mit endlosen Abenden und Nächten, in dem ich das, was ich prozessiere, von einer neuen Seite beleuchte, voller Leichtigkeit, voller Wärme. Alles wächst, alles wird groß.

Ich mag den Herbst in jedem Prozess. Die Zeit des Erkennens: Was ernte ich, was geht zurück zur Erde? Welchen Reichtum erlaube ich mir zu behalten? Was wird aussortiert und wie sehen die Früchte dessen, woran ich arbeite, wirklich aus? Neuartig oder wie erwartet? Auch graue Nebeltage gehören zu dieser Zeit

Haikus, wie auf der Seite nebenan, sind kurze Gedichte in 3 Strophen und 17 Silben (5/7/5)

des Prozesses. Schleppend, ermüdend, drückend. Wer bin ich in dieser Zeit des Zurruhekommens?

Ich mag den Winter, die Zeit des Rückzugs. Neue Ideen schlummern tief in mir, Anfänge, Enden, alles so nah beisammen in der kalten Prozessjahreszeit. Jeder Lichtstrahl erhellt meinen Prozess, jeder Funken Wärme umhüllt das, was in mir wächst. Wie nehme ich mich wahr, in dieser Zeit, in der der Prozess zu ruhen scheint? Wie gestalte ich meinen Prozess in Kälte, Dunkelheit und Langsamkeit?

Und mit den ersten Ideensonnenstrahlen, die mich im Prozessfrühling besuchen, vertraue ich auf das Immerwährende, Immerwiederkehrende der Jahreszeiten, das auch meine Prozesse bestimmt.

Spielen wie damals

Wenn unsere Großeltern von ihrer Kindheit sprechen, erzählen sie gerne von besonderen Spielenachmittagen im Wald. Da entstanden aus Baumstämmen Wichtelwohnungen, aus Fichtenzapfen allerlei Tiere und gemütliche Wohnlandschaften aus Moosen, Flechten und Farnen.

Begib dich auf eine Zeitreise und spiele wie damals im Salzburger Innergebirge.

Welche Waldwelten dürfen bei dir entstehen?

Spielen im Wald

Spielen erneuert unsere Gedanken. Macht uns beweglicher im Sein und eröffnet Welten, die uns vorher nicht offenstanden.

Spielen – frei und ungezwungen, ohne Plan und ohne Hast – erlaubt es uns, vollkommen einzutauchen in die Magie des Moments.

Beim Spielen geht es nicht unbedingt um das Was, sondern um das Wie. Doch, wie spielt es sich im Wald?

Wir spielen, wenn wir das Licht durch die Blätter mit der uns größten innewohnenden Neugierde beobachten.

Wir spielen, wenn wir den Weg rückwärts gehen, im Vertrauen, dass auch das Fallen uns nicht niederbringt.

Wir spielen, wenn wir die Rinde des Baumes berühren und die kleinen Wege, die sie zeichnet, mit der Fingerspitze nachverfolgen, bis hin zur Langeweile.

Wir spielen, wenn wir den Wald riechend erobern und uns die Materialien, die sich vor uns ausbreiten, schnuppernd erkunden.

Und wie spielst du?

Buchtipp: ***Spiel mit allem. Eine kreative Aufforderung für mehr Achtsamkeit im Alltag*** **von Katharina Bacher, erschienen im Verlag Freies Geistesleben.**

ERDEN
&
VERWURZELN

**WAS LÄSST UNS VERWURZELN?
WO SPÜREN WIR UNSERE WURZELN
IM ALLTÄGLICHEN LEBEN?
UND WIE BEHALTEN WIR DABEI
BODENHAFTUNG?**

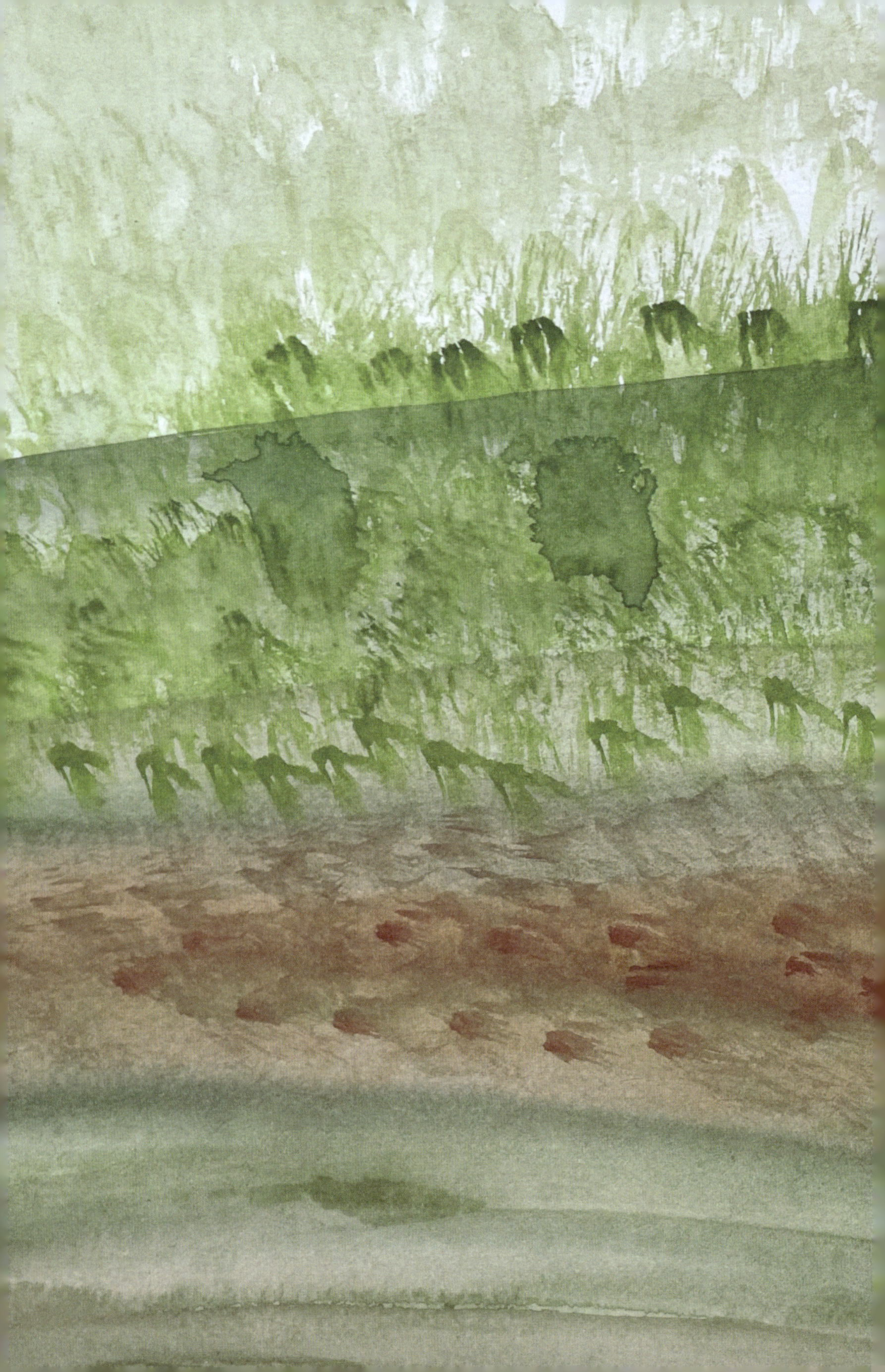

Erden

Wir wollen in diesem Kapitel einfache Impulse setzen, die das Erden (jederzeit und überall) möglich machen und den Wald als Übungsort öffnen, um uns mit der Erde zu verbinden und geerdet zu fühlen. Schicht für Schicht tauchen wir tiefer ein und lassen den Waldboden die Basis sein für unsere tiefreichenden Wurzeln.

Grounding

Grounding, Earthing oder Erdung beschreibt den direkten Körperkontakt zur Natur. Zum Beispiel beim Barfußlaufen im Wald, Schwimmen im See oder beim Die-Hände-in-der-Erde-Vergraben.

Die Erde gibt negativ geladene Elektronen ab. Diese können durch den direkten Kontakt damit in den Körper gelangen. Das führt zu einer Auffüllung von Elektronenreservoirs, was unser körpereigenes antioxidatives Abwehrsystem und unsere Entzündungsregulation unterstützt. Erste Studien weisen darauf hin, dass das regelmäßige «Grounden» den Schlaf verbessern, Schmerzen lindern und den Cortisol-Rhythmus harmonisieren kann.

Quelle: James L Oschman, Gaétan Chevalier, Richard Brown: *The effects of grounding (earthing) on inflammation, the immune response, wound healing, and prevention and treatment of chronic inflammatory and autoimmune diseases*

Schicht um Schicht

Schicht um Schicht gräbst du tiefer.
Zuerst bedecken deinen Boden noch Laub,
Geäst und Samenkörner, die noch nicht
gekeimt sind.
Dann gräbst du tiefer.
Da sind zarte Wurzeln von Ideen,
die erst wachsen dürfen.
Du gräbst und entdeckst, die Farbe der Erde
ändert sich.
Schicht um Schicht trägst du ab,
was vermeintlich zu dir gehört.
Da leben auch andere Organismen,
Gedanken und Gefühle in dir.
Da kommt wenig Licht hin, doch du siehst
in dich hinein.
Ein bisschen tiefer gräbst du noch.
Und erkennst:
Die Schichten schützen dich.
Und:
Schicht um Schicht kommst du dir näher.

Bodenschicht

Der Waldboden, auf dem du gerade stehst, während du diese Seiten liest, wird auch als sogenannte «Bodenschicht» bezeichnet und ist Teil der verschiedenen Stockwerke des Waldes. Deine Füße verweilen auf der Humusauflage. Sie besteht aus Blättern, Nadeln und Zweigen. Je nach Aufbau und Zustand des Waldes ist diese Auflage immer anders zusammengesetzt. Darunter befindet sich der Mineralboden. Er ist eine Mischung aus Sand, Kies und Gestein und beheimatet zahlreiche Organismen, die für die Zersetzung verantwortlich sind, wie Regenwürmer, Käfer und Pilze. Außerdem sind dort die Wurzeln der Pflanzen und feine Gänge zu finden.

Atme tief!

Verwurzle dich. Am besten barfuß im Wald oder auf der Wiese. Wähle dafür einen hüftbreiten Stand und roll die Schultern nach hinten. Deine Scheitelkrone führt dich nach oben. Dein Bauchnabel zieht sanft nach innen und dein Gesäß ist aktiv. Eine Hand liegt auf deinem Bauch, die andere auf deiner Brust. Atme tief durch die Nase ein und stell dir vor, dass Bauch, Rippen und Brust sich füllen. Mit der Ausatmung durch die Nase strömt die Atemluft über Brust, Rippen und Bauch wieder aus deinem Körper. Mit jeder Einatmung wächst du weiter nach oben.
Mit jeder Ausatmung verwurzelst du dich mehr und mehr mit dem Boden unter dir.

Die Erde ist da

Die Erde, auf der wir stehen, ist immer da. Sie hält uns mit all unserem Ballast. Die Erde, die ist da. Vertraue, dass sie dich hält.

Zerfall

Wir sprechen vom Zerfall, sprechen davon, weniger zu werden, uns in unsere Einzelheiten aufzulösen. Doch wie wäre es, im gleichen Atemzug auch vom Zurückkehren zu sprechen? Vom Nie-enden-werden, vom Kreislauf, vom Zurück zu dem, was war, um das zu werden, was wir sein können?

Hallimasch – ein effizienter Zersetzer im Wald

Wohl kaum ein anderes Lebewesen kann in verhältnismäßig kurzer Zeit und so effizient ganze Baumstämme in fruchtbare Erde (Humus) verwandeln wie der Hallimasch-Pilz. Seine dünnen weißen Fäden dringen in die Wurzeln ein und umwachsen diese.

Manchmal fungiert er als Helfer beim Abbau toter oder kranker Bäume, manchmal ist er schlichtweg ein Parasit und befällt sogar kerngesunde grüne Riesen.

Fühle dich aufgefangen

Wähle für diese Übung einen Baum mit einem etwas dickeren Stamm aus. Stell dich mit dem Rücken eine Armlänge weit entfernt zu ihm und lass dich ganz sanft nach hinten fallen. Fühle dich aufgefangen. Vom Baum und seiner Stärke. Bleib noch ein wenig in dieser stehenden Position und nimm wahr, wie sich die Borke, der Stamm auf deinem Rücken anfühlen.

Optional kannst du diese Übung auch mit einem Partner oder einer Partnerin im Wald ausprobieren. Dabei lässt sich eine Person vom Baum den Rücken stärken, während sich die zweite Person rücklings auffangen lässt.

Braun(töne)

Erdbraun (ruht)
Wurzelbraun (knackt)
Zapfenbraun (klappert)
Kastanienbraun (dockt)
Rindenbraun (knirscht)
Rostbraun (reibt)
Pilzbraun (schmatzt)
Holzbraun (klopft)
Rehbraun (fiept)
Hirschbraun (röhrt)
Grünbraun (knistert)
Sandbraun (rieselt)
Eichelbraun (prasselt)
Braun (tönt)

Schonklima im Wald – tut gut!

Im Wald herrscht das sogenannte «Schonklima». Das bedeutet, dass belastende Bedingungen, wie Luftverunreinigung, Nebel und zu hohe Temperaturen ausgeglichen werden. Es gibt eine höhere Luftfeuchtigkeit, weniger Wind und du bist geschützt vor zu starker Sonneneinstrahlung. Für dich als Waldbesucherin oder Waldbesucher bedeutet dies, dass deine Atemwege, deine Haut und dein Herz-Kreislauf-System entlastet werden, was sich positiv auf deine Gesundheit auswirken kann. Durch das sich verändernde Lichtspektrum und die wohltuende Waldluft stellt sich zudem ein angenehmes Gefühl ein.

Wildwuchs

Hast du die Wurzeln von Bäumen schon mal näher betrachtet? Konntest du sie an der Waldbodenoberfläche überhaupt sehen oder waren sie so tief im Boden verwurzelt?

Spüre im Wald mal eine Wurzel auf, die du etwas nachverfolgen kannst. Wie weit kannst du ihr nachgehen? Wann verlierst du ihre Spur? Ist sie bewachsen mit Moos oder einem anderen pflanzlichen Lebewesen? Ist sie schon ein bisschen angeschlagen vom vielen «Darauf-herum-Wandern» oder unversehrt?

Wo liegen deine Wurzeln? Spürst du sie in dir? Und wie weit kannst du sie nachverfolgen?

Spürst du deine Wurzeln?

Über unsere eigenen Wurzeln stolpern

Manchmal stolpern wir über unsere eigenen Wurzeln. Wissen gar nicht, dass der in der Erde wachsende Teil unserer selbst auch zur Oberfläche dringt. Wollen und wollen nicht wahrhaben, dass wir über genau diese Wurzeln stolpern können, sie dann erst erkennen und uns entweder damit beschäftigen oder über sie hinwegsehen, hinwegsteigen können. Ahnen zwar, dass sie zu uns gehören, können sie aber wegdenken, wenn wir sie nicht sehen. Kleine Stolperfallen, an denen wir uns stoßen. Die uns erinnern und aufwachen lassen.

Flach-, Herz- und Tiefwurzler

Jeder Baum kann einem oder mehreren Wurzeltypen zugeordnet werden: Flach- und Herzwurzler, Tief- beziehungsweise Pfahlwurzler.

In den Grundzügen ist dies erblich festgelegt. Durch die Bodenbeschaffenheit und die Verteilung der Nährelemente im Boden wird dieses Erbprofil aber stark modifiziert. So wurzeln die meisten Bäume auf schweren, nassen Böden etwas flacher und auf trockenen, leichten Böden tiefer, um ans Grundwasser zu gelangen.

Flachwurzler

Dicht gedrängt an der Oberfläche sind die Wurzeln dieser Baumarten leicht zu erkennen. Sie reichen nicht sehr tief, aber breiten sich weit aus wie Strahlen. Fichten und Apfelbäume sind ein klassisches Beispiel für diesen Wurzeltyp.

Herzwurzler

Wie der Name schon sagt, breiten sich ihre Wurzeln in Herzform aus. Sie haben mehrere schräg nach außen laufende Hauptwurzeln, die mal mehr, mal weniger tief reichen. Sie gelten als eine Mischform von Flach- und Tiefwurzlern. Linde und Buche haben eine solche Wuchsform.

Tief- beziehungsweise Pfahlwurzler

Tief nach unten reichen die Wurzeln dieser Baumgattung. Wie ein Pfahl schieben sie sich senkrecht in den Boden hinab, um sich stabil darin zu verankern. Kiefern und Eichen sind typische Tiefwurzler.

**Wo gehst du
in die Tiefe?
Und wo breitest du
dich lieber aus?**

Untergründig

Im Untergrund laufen all die Bahnen,
die niemand zu sehen scheint.
Die wir selbst oftmals nicht kennen,
kennen wollen.
Im Untergrund verflechten sich all die
Geschichten,
all die Erzählungen über uns selbst,
all die Annahmen über das, was wir sind.
Im Untergrund spielt sich viel ab,
das wir bewusst nicht wissen,
uns aber doch trägt –
durch unsere eigene Geschichte,
unsere eigene Erzählung,
unsere eigene Meinung
über uns selbst.

RUHEN
&
VERWEILEN

NICHT TUN, SONDERN SEIN.
IM WALD ZUR INNEREN UND
ÄUSSEREN RUHE FINDEN MIT
ÜBUNGEN, DIE UNS WIRKLICH
ZUM VERWEILEN EINLADEN.

Weilen

Lange Weilen sind bekannt: ob aus unserer eigenen Kindheit oder den beizeiten unangenehmen Beobachtungen im eigenen Alltag. Hier wollen wir allerdings ganz bewusst dazu ermutigen, diese verlangsamte Weile im Wald zu suchen und zu finden. Den Wald nicht als einen Durchgangsort, sondern als Ort des Geschehens wahrzunehmen. Oder als Ort des Nichtgeschehens. Wir laden in diesem Kapitel ein, sich unaufgeregt wirklich Zeit zu nehmen, im Wald zu ver-wei-len. In der Umsetzung können das Stunden sein, oder auch einfach ein paar Minuten länger als üblich.

Wann kannst du langsamer sein, als du glaubst?

Kreisgänge

Kreisläufe im Wald müssten Kreisgänge heißen, so zeitlos wie sie sind, so viel Zeit wie sie sich nehmen. Da ist Wasser und da ist Sonne, da sind Nährstoffe im Boden und da sind Lebewesen mit klaren Rollen, mit Aufgaben, ohne die es nicht ginge.
Da ist Luft und da ist Wachstum, da ist Platz und da ist Verbindung. Da sind Schichten und jahrhundertealte Vorläufer – und dann ist da einfach Zeit. Zeit, die nie läuft. Eher schleicht. Eher fließt und sich schließt. Kreisgänge im Wald.

Kreise gehen und legen

Gehe große Kreise – so große, dass du mindestens 5 Bäume umkreist.

Gehe kleine Kreise – so kleine, dass du dich um deine eigene Achse drehst.

Mach das an einem Waldplatz deiner Wahl und bemerke dabei einfach alles. Zapfen, Moos, Farne, Zweige, Gräser und Flechten.

Einige Utensilien, die herumliegen, darfst du mitnehmen und zu einem Kreis legen. Werde kreativ und ordne deine Findlinge in einer Kreisform an. Dabei gibt's keine Gestaltungsregeln. Lass deiner Fantasie freien Lauf und erschaffe dein ganz persönliches Wald-Mandala.

Machst du diese Übung zu zweit oder in der Gruppe? Dann versuch ein Gemeinschafts-Mandala in vollkommener Stille zu legen. Lass dich von diesem Prozess tragen und sei gespannt, was sich dabei zeigt.

Waldjause*

Das brauchst du für dein Jausenbrot:

660 Gramm Wasser

500 Gramm Roggenmehl, Type 960

500 Gramm Dinkelvollkornmehl

10 Gramm Brotgewürz

10 Gramm (Kräuter-)salz

10 Gramm Germ (Hefe)

So geht's:

Alle Zutaten ca. 10 Minuten mit der Hand oder einem Knethaken (Mixer) kneten und 1 Stunde ruhen lassen.

Brot formen und nochmal 15 Minuten ruhen. Im Ofen über Dampf backen (Auflaufform mit Wasser in den Ofen stellen).

Bei 220 °C Heißluft ca. 10 – 15 Minuten und bei 180 °C ca. 40 Minuten fertig backen.

Klopfprobe machen, ob es durchgebacken ist – und mit Fichtennadelbutter genießen.

***Eine Jause ist der österreichische Ausdruck für Brotzeit. Dabei werden süße oder saure Leckereien gereicht. Ein kleiner Snack zwischendurch also.**

Das brauchst du für deine Fichtennadelbutter:
eine Handvoll Fichtennadeln
150 Gramm Bio-Butter
etwas Zitronenzeste
eine Prise Salz

So geht's:
Schneide eine Handvoll Nadeln sehr, sehr klein. Gib die zerkleinerten Nadeln in einen Topf und verrühre sie mit rund 150 Gramm Bio-Butter (du kannst mehr oder weniger verwenden, je nach Geschmack).

Schmecke das Ganze mit etwas Zitronenzeste und einer kleinen Prise Salz ab.

Tipp für die kalte Jahreszeit
Probiere die Butter mal auf dem traditionellen Kletzenbrot (= Früchtebrot). Sehr lecker!

Komorebi 木漏れ日

Japanisch für das Sonnenlicht, das durch die Blätter von Bäumen fällt. Oder Sonnenblinzeln.

Licht durchs Blätterdach
betrachtet
wirkt
als würden
tausende kleine Scheinwerfer
das Schöne suchen
und beleuchten.

Gehen wir einen Schritt?

Oder zwei?
Wähle einen flachen Waldabschnitt, gerne mit Wurzeln oder Moos. Wenn du möchtest, kannst du deine Schuhe ausziehen und die Übung barfuß umsetzen. Alles kann, nichts muss.

Gehe nun einen Schritt und verweile ein paar tiefe Atemzüge. Nimm wahr: Was passiert um dich herum? Lausche der Symphonie des Waldes und bleibe stehen.

Gehe einen weiteren Schritt und halte inne. Was tut sich in deinem Körper? Beim langsamen Gehen? Beim Einen-Fuß-vor-den-anderen-Setzen?

Widme den nächsten Schritt deinen Gedanken und Gefühlen. Wie fühlt es sich für dich an, so langsam voranzuschreiten? Taucht da vielleicht ein bisschen Nervosität auf? Oder dieses komische Kribbeln, wenn man glaubt, man sei zu spät dran?

Wem oder was schenkst du die Aufmerksamkeit deines nächsten Schrittes?

Übe dich in Langsamkeit und erlaube dir Langweile.

Wie geht es dir dabei, wenn die Anleitungen stoppen und die schier endlos erscheinende To-Do-Liste vielleicht ein Ende finden würde?

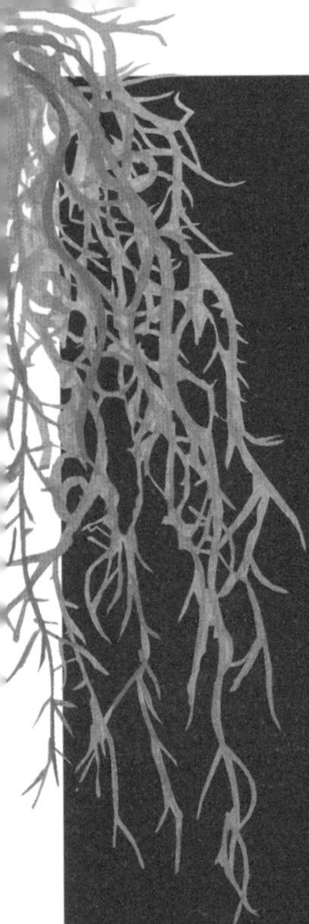

Du verpasst nichts

Keine Angst. Du verpasst nichts.
Kannst du auch gar nicht. Denn du bist
immer dort, wo du eben bist.
Und nur dort.
Nicht woanders. Du kannst nicht an einem
anderen Ort sein, während du hier bist.
Also kannst du auch nichts verpassen.
Schon mal darüber nachgedacht?

Bleib für eine lange Weile

Eine ganz klassische, dir vielleicht schon bekannte Meditations-technik ist die sogenannte «Sitspot-Übung». Die Anleitung dafür ist ganz einfach.

Setze dich hin.
Bleibe – für mindestens 15 Minuten.*
Schaue.

***Ohne Ablenkung! Du nimmst kein Handy zur Hand, schließt auch dieses Buch und schreibst nichts auf.**

Gedankenfreiheit

Heute gebe ich meinen Gedanken frei. Sollen sie doch machen, was sie wollen. Sie arbeiten heute nicht für mich, nicht für irgendjemanden. Ich wünsche ihnen eine gute Zeit und verabschiede mich von ihnen. Ein Abstand auf (un-)bestimmte Zeit kann guttun, wird guttun. Sie sollen sich auch frei fühlen heute, sollen nicht in meinem Kopf gefangen bleiben, sondern sich die Welt ansehen, sollen reisen und fliegen. Sie sollen Urlaub machen von ihrem geschäftigen Treiben. Wer bin ich, sie gefangen zu halten? Ich gebe meinen Gedanken heute frei. Und sie erlauben mir, was ich ihnen wünsche: Luft zum Atmen, Frische zum Fühlen, Raum zum Sein.

Baumhauchen: Wärmender Waldwind

Einen Hauch von Wärme, den du in dir erzeugen kannst, bietet dir folgende Übung: Aus dem Yoga kommend und «Ujjayi-Atmung» genannt, hilft sie dir nicht nur dabei, auf deinen Atem zu hören, sondern genau diese Wärme in deinem Brustkorb und Hals auszubreiten.

Hauche dafür hörbar aus. So, als würdest du eine Glasscheibe anhauchen. Mache das nochmal, jetzt allerdings mit geschlossenem Mund. Spürst du den leisen, warmen Waldwind in dir? Geschützt und jederzeit machbar. Sei deine eigene, warme Brise.

Hauchwolken

Eine Wolke feinsten Hauchs
verlässt mich so sanft
in die kühle Winterluft

Behalte die Luft in mir
wärmend von innen
erfülle ich mich nun selbst

Immer dabei

Zwischen all dem Trubel und Jubel und
der Lautstärke flüstert sie leise:
Stopp!
Zwischen all dem Zuviel und dem Zuweit und
dem Zuschnell stupst sie dich sachte an:
Halt!
Zwischen all dem, was auch noch sollte und
könnte und wollte und würde, rüttelt sie an dir:
Aufhören!
Zwischen alle dem, ja alle dem, ruft sie nun laut:
Aus!
Denn sie ist dabei. Immer und überall.
Sie, das ist die:
Pause.

Vergessene Waldwelten

Ich gebe es ganz ehrlich zu. Ich gehe auch in den Wald, um zu vergessen, zu verdrängen. Lasse die Welt hinter mir, lasse Baum für Baum, Nadel für Nadel, Blatt für Blatt alles zurück, das mich draußen überrollt.

In der Waldwelt gibt es nur mich für ein paar Sekunden, Minuten.

Die Walddecke legt sich auf meine Gedanken und mit ihr sinkt die Schwere in mir zum Grund. Die großen Riesen, die feinen Gräser, die schlingenden, kletternden und hängenden Pflanzen schirmen die Welt draußen ab.

Im Walddunkel wird es in mir heller. Vieles von dem, was sich vor mir ausbreitet, war vor mir schon hier. Vieles von dem wird auch nach mir da sein. Der Wald nimmt meine Sorgen auf, kümmert sich um meine Ängste und relativiert meine Probleme – all das im Stillen. Unaufdringlich ist er da, hört zu, gibt mir Luft zum Atmen – und wenn ich ihn wieder verlasse, habe ich zwar nicht alles vergessen, doch für einen Moment pausiert.

Grüns

Waldgrün
Tannengrün
Fichtengrün
Sattgrün
Blattgrün
Moosgrün
Grasgrün
Flechtengrün
Echtes Grün
Grüngrün

Teemischung «Hatschi ade»

Das brauchst du:

2 Teile* getrocknete Lindenblüten

1 Teil getrocknete Holunderblüten

1 Teil getrocknete Pfefferminze

1 Teil getrocknete Hagebutten

So geht's:

Zerkleinere die getrockneten Kräuter und Früchte grob. Mische sie dann in einem Gefäß und stelle in der Zwischenzeit Wasser auf. Die Teemischung gibst du dann in ein Teesieb oder einen Teebeutel. Mit heißem Wasser (70 - 95 °C) übergießen, etwas warten (min. 10 Minuten) und fertig ist dein Wohlfühltee, der dich unterstützt, wenn eine Erkältung im Anmarsch ist.

Ein Teelöffel deiner Mischung reicht für eine Tasse (250 ml).

***Teile sind Mengenangaben. Zum Beispiel 1 Tee- oder Esslöffel entspricht einem Teil, oder alles, was zwischen Daumen, Zeige- und Mittelfinger passt. Wenn du ganz genau sein möchtest, kannst du auch nach einem bestimmten Gewicht vorgehen.**

Die Linde lindert

Die Blätter der Linde sind herzförmig, der Duft der Blüte betörend, ihre Wirkung lindernd. Bei Erkältungskrankheiten schafft die Linde (auch vorsorglich als Tee über maximal 4 Wochen) Abhilfe. Sie regt auf noch ungeklärte Weise das Schwitzen an, was bei hohem Fieber sehr unterstützend für unseren Körper sein kann. Außerdem können Lindenblüten unser Nervensystem beruhigen.

Gleicher Baum, unterschiedliche Blütezeit, verschiedene Blätter. Die Sommerlinde blüht im Juni und die Winterlinde im Juli. Ein weiterer Unterschied: Die Blätter der Winterlinde sind auf Ober- und Unterseite kahl. Jene der Sommerlinde sind unten weiß. Die beiden Gattungen dieser Art kreuzen sich aber immer wieder, was die Erkennung oft etwas schwer macht.

ABGRENZEN & SCHÜTZEN

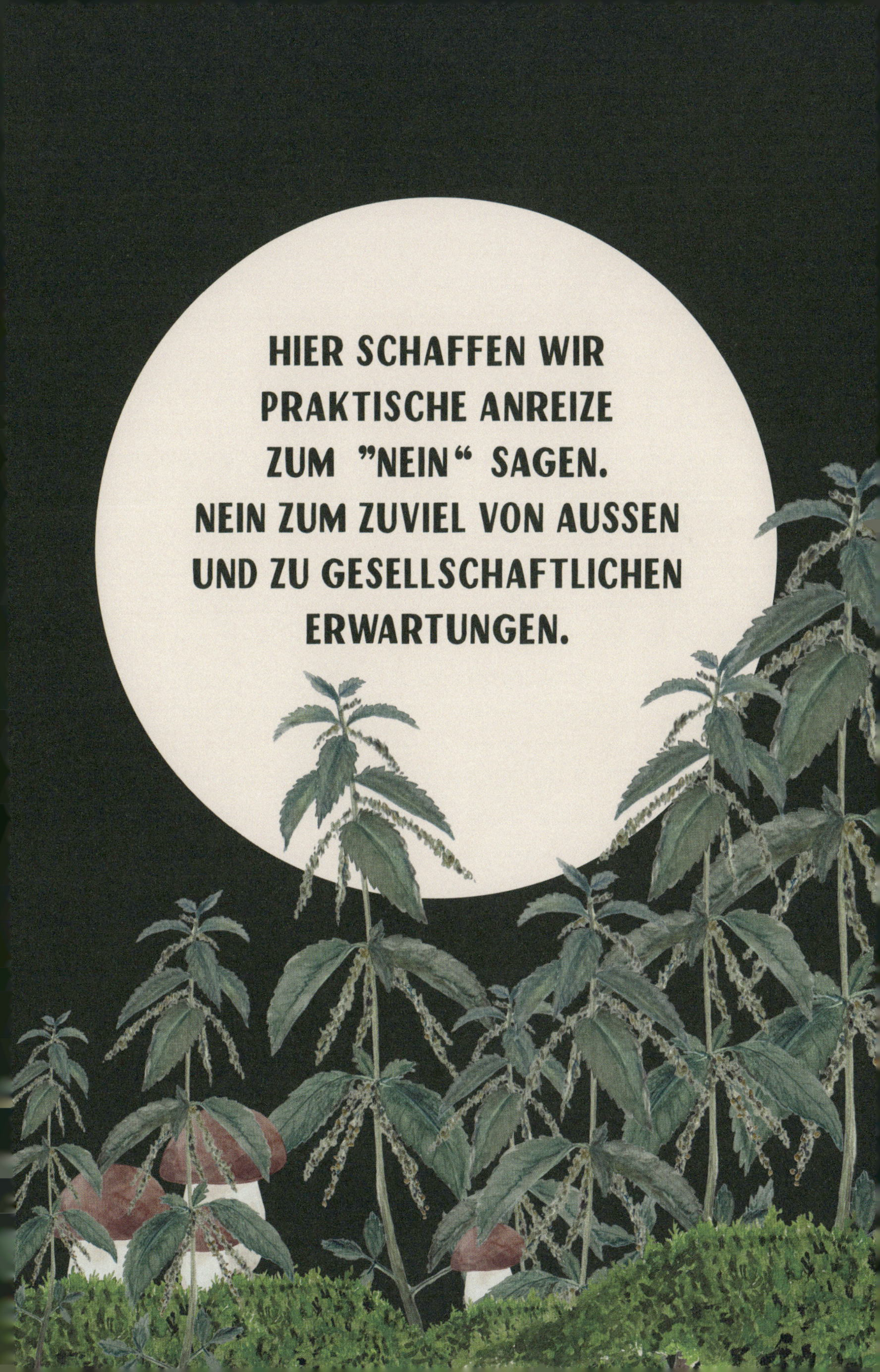
HIER SCHAFFEN WIR
PRAKTISCHE ANREIZE
ZUM "NEIN" SAGEN.
NEIN ZUM ZUVIEL VON AUSSEN
UND ZU GESELLSCHAFTLICHEN
ERWARTUNGEN.

Wo sind die Grenzen?

Im Wald sind die Grenzen klar:
Der Weg begrenzt das Waldstück,
der Waldrand ist Grenze in sich, die
Lichtung umrahmt, was Grenze ist und
was Wald bleibt.

Im Leben sind die Grenzen nicht klar. Sie verschwimmen, sie verwischen, sie verändern sich. Was passiert, wenn wir die Grenzen überschreiten? Oder gar, wenn sie überschritten werden?

Hier eröffnet sich eine herzliche, aber bestimmte Einladung, den Schutz der Grenze am eigenen Körper zu erfahren und uns durch das Abgrenzen in Freiheit zu üben.

Wie merkst du, wenn (d)eine Grenze überschritten wird?

Texturen umgeben uns

Rau und glatt
Eben und gekräuselt
Stachelig und pelzig
Klebrig und rutschig
Brüchig und fest
Schwammig und hart
Texturen umgeben uns
Texturen umgeben eine Sache
Texturen sind die Grenze einer Sache
Also?
Wie wollen wir uns nach außen hin zeigen?

Grenzen bauen

Baue eine Grenze – im übertragenen und wirklichen Sinne. Überlege dir, wofür du die Grenze brauchst, oder wovon du dich abgrenzen möchtest.

Und dann stelle sie dar, mithilfe verschiedenster Naturmaterialien, die du im Wald finden kannst. Deine Grenze kann rund, eckig, rau, hoch oder flach sein. Lässt sie einen kleinen Spalt offen, damit jemand oder etwas zu dir hineinkommen kann? Soll sie abschreckend sein oder lässt sie sich verschieben?

Betrachte deine Grenze und nimm dir den Gedanken daran mit nach Hause.

Auch der Wald hat seine Grenzen

- RespekTIERE Grenzen! Wildtiere sind in der Dämmerung besonders aktiv. Meide daher den Wald eine Stunde vor und nach Sonnenauf- und -untergang.
- Behandle alle Lebewesen, auch Pflanzen, mit Respekt und reiße sie nicht grundlos ab oder aus.
- Nimm deinen Müll wieder mit. Ja, auch Bananen- oder Orangenschalen, Zigarettenstummel und Taschentücher.
- Achte auf deine Lautstärke. Je leiser du bist, desto höher ist die Chance, Eichhörnchen und Co. anzutreffen.
- Kein Feuer im Wald!

- Hast du deinen Hund bei deinen achtsamen Waldspaziergängen dabei? Bitte nimm ihn an die Leine!
- Möchtest du Kräuter, Beeren oder Pilze sammeln? Erstens – sei dir sicher, was du pflückst. Zweitens – mache dich mit den jeweiligen Vorschriften deiner Region vertraut, in welcher Menge es erlaubt ist. Generell gilt aber – Sammeln mit Maß und Ziel. Wie viel brauchst du wirklich?
- Flächen zur Aufforstung und während forstlicher Tätigkeiten sind unbedingt zu meiden. Achte auf die Hinweisschilder.
- Verlasse den Wald bitte so, wie du ihn vorgefunden hast. Möglichst unberührt. Oder nimm Müll mit, wenn du ihn findest.

Spuren hinterlassen Spuren
tiefe Spuren hinterlassen
tiefe Spuren

Brennnessel

Du wirst erstaunt sein, aber alle Teile der Brennnessel sind essbar. Beim Ernten solltest du aber vorsichtig sein. Sie ist eine Meisterin im Abgrenzen. Ernte sie entweder mit Handschuhen oder von unten nach oben, um ihren Brennhaaren auszuweichen. Sobald die Blätter verarbeitet werden (püriert, gekocht oder gepresst), nesseln sie auch nicht mehr.

Sie zählt zu den «zweihäusigen Pflanzen». Das heißt, die weibliche und männliche Gattung lebt in zwei verschiedenen «Pflanzenwohnungen». Die männliche Brennnessel erkennst du an ihren weißen, abstehenden Blüten. Die weibliche Brennnessel an den dunkelgrünen, herabhängenden Nüsschen, die im Herbst geerntet werden können.

Auch Donnernessel oder Scharfnessel wird sie umgangssprachlich genannt. Sie enthält mehr Chlorophyll als Spinat, was bedeutet, dass sie eine äußerst zellschützende Wirkung mit sich bringt – wissenschaftlich bewiesen.

Verwende das heimische Superfood zum Entwässern und Durchspülen, um deine Zellen zu schützen und dich abzugrenzen. Als Tee, Pulver, Sirup, in der Suppe, im Smoothie oder für die ganz Hungrigen frisch als Brennnessel-Sandwich am Wegesrand.

Brennnessel-Sandwich*

Ernte ein Brennnessel-Blatt in den oberen 15 Zentimetern der Pflanze (egal ob männlich oder weiblich), indem du es an der Blattunterseite pflückst und faltest. So verstecken sich die brennenden Härchen und du kannst das Blatt vorsichtig zu einem kleinen Sandwich oder Wrap zusammenlegen. Nochmal fest pressen, um sicherzugehen, dass wirklich alle Brennhaare zerstört sind. Lass dir deinen kleinen Snack vom Wegesrand schmecken.

Wenn es doch passieren sollte, dass dein Sandwich im Mund brennt, dann sammle ein Wegerichblatt und kaue es. Sorgt für sofortige Linderung der Schmerzen.

***Schau gerne auf unserem Instagram-Kanal @waldundwort vorbei. Da erklären wir ganz genau, wie man so ein Sandwich herstellt.**

Wer Schutz gibt

Schutzsuchend flüchte ich in den Wald. Über mir prasselt es auf das Blätterdach. Vereinzelt treffen mich Tropfen, vielleicht um mich zu erinnern, dass ich hier Gast bin? An den Baumstamm gelehnt und die Wärme der Rinde durch meine Kleidung spürend, betrachte ich das Naturschauspiel. Der Regenguss scheint mal mehr, mal weniger zu werden, doch hier bin ich sicher. Sicher wovor? Vor dem Nasswerden? Vor der Kälte? Vor dem, was draußen auf mich lauert? Ich weiß es nicht genau, es ist ein Gefühl, das ich als Sicherheit beschreibe. Schutz finde ich hier also und Sicherheit. Der starke Regen geht vorüber, während ich hier sitze, die Umgebung betrachte und meinen Gedanken nachhänge. Schutzgebend würde ich dieses Stückchen Erde beschreiben. Natürlich hätte ich einfach nass werden können, ja, manchmal mache ich das auch ganz absichtlich. Aber in diesem Moment war mir Schutz ein Bedürfnis und dieser Baum mit seinem dichten Blätterdach konnte mir dieses erfüllen.
Das Prasseln wird weniger, ich bereite mich auf den Heimweg vor. Die letzten Tröpfchen fallen durch die heller werdende Luft. Da dreht sich die Richtung meiner Gedanken. In Stille bedanke ich mich bei meinem Baum, streiche über seine raue Rinde und gehe mit einem klaren Vorhaben aus dem Wald: Wer Schutz gibt, soll auch Schutz bekommen.

Wer ist das Stachelröschen?

Es war einmal eine Prinzessin, die vollkommen falsch verstanden wurde. Sie schlief und schlief und schlief, weil niemand ihren echten Namen kannte.

Du hattest dieses Märchen anders in Erinnerung? Naja, einen wahren Kern gibt es aber! Dornröschen müsste eigentlich Stachelröschen heißen, denn: Rosen haben Stacheln, andere Pflanzen, wie beispielsweise Weißdorn hat – wie sollte es auch anders sein – Dornen.

Stacheln sind nur an der Oberfläche der Rinde beziehungsweise Haut, während Dornen fest mit dem Holz verwachsen sind. Also können Stacheln leicht abgelöst werden, Dornen sind hingegen fest mit der Pflanze verbunden.

Und sie stachen glücklich bis an ihr Lebensende …

Eine Blattform der Vergänglichkeit

Geschützt
bildet er sich,
bildet sich aus,
bildet sich ein,
nun seine Hülle zu verlassen –
zeigt sich der Welt,
dem Wald
und ist.

Blattsprössling.

Mutig
entfaltet,
entwickelt es sich.
Hell noch und weich,
biegsam
wächst es heran
und dient
dem Größeren.

Blätterdach.

Schonend
auf seine Kräfte achtend,

beginnt es
zu enden.
Verfärbt sich
als letzte Instanz
und
hängt noch an seinem Zuhause.

Blattlaub.

Verbunden mit dem Leben
Woche um Woche,
Monat um Monat,
sein Dasein lang
lässt es nun los
und fällt.

Blätterregen.

Vertrocknet
ohne Widerwort,
oder Reue,
ohne Angst
gibt es
sich der Erde
zurück.

Blätterrascheln.

Blätterdruck

Grenzen setzen ist ein Ausdruck deiner inneren Welt und kann Eindruck hinterlassen. Wir spielen damit nicht nur im übertragenen Sinne, sondern machen Druck, und zwar aus Blättern.

Sammle eine Handvoll verschiedener bunter Blätter im Herbstwald und nimm sie mit nach Hause. Dort bereitest du dir ein leeres Blatt Papier, Wasserfarben und Pinsel vor. Male deine Fundstücke mit verschiedenen Farben an und presse sie auf die weiße Seite. Ein kleines Blätterdruck-Kunstwerk entsteht, aus dem du zum Beispiel eine Grußkarte aus dem Wald basteln kannst.*

***Schau dazu gerne auf unserer Pinterest-Pinnwand «Wald & Werkeln» vorbei und hol dir Inspirationen!**

Im Walddunkel pausieren meine Gedanken.
Waldfroh macht mich das.

WEITERBLICKEN
&

ZEIT FÜR WACHSTUM, WEITE UND WANDLUNG. IN DIESEM KAPITEL GEHT ES HOCH HINAUS.

Wer sind wir?

Am Waldrand angekommen, ein Stückchen des Weges hinter uns gebracht, stehen wir nun an dieser Stelle.

Wer sind wir, im Wald und außerhalb?

Wie können wir weiterwachsen in Richtungen, die wir (in uns) bisher nicht kannten?

Was oder wer erneuert unsere Energien und was machen wir, wenn der Wachstumsschmerz überwältigend groß wird?

Sachte waten wir in dieses letzte Kapitel und lassen uns von der wohl größten Verwandlungskünstlerin verzaubern: der Natur.

Wohin traust du dich noch nicht zu wachsen?

«Die Fichte sticht. Die Tanne nicht.»

Diesen Spruch hast du vermutlich schon einmal gehört. Wenn nicht, dann hast du jetzt gerade wieder etwas Neues gelernt! Er beschreibt die Nadeln der beiden Bäume Fichte und Tanne. Jene der Fichte piksen und die der Tanne sind rund und eher weich. Damit man die beiden auch wirklich erkennt, braucht es aber noch weitere Details:

Die Zapfen der Fichte hängen nach unten und fallen auf den Waldboden. Jene der Tanne wachsen aufwärts und lösen sich noch am Baum auf.

Die Nadeln der Fichte wachsen buschartig um den Zweig herum. Jene der Tanne gedeihen meist einseitig und haben zwei weiße Streifen auf ihrer Rückseite.

Reißt man die Nadeln der Fichte ab, so bleibt ein Holzfähnchen hängen. Tannennadeln hinterlassen eine glatte Narbe.

Die Borke der Fichte ist rötlich-braun und schuppig, während die Tanne eine gräuliche, meist glatte Rinde besitzt.

Berg-Meditation nach Jon Kabat Zinn

Voraussetzung für diese Übung ist, dass du einen Berg oder Hügel in der Ferne sehen kannst. Hast du diese Aussicht gerade nicht? Dann ist das dein Zeichen, mal wieder in die Berge zu fahren.

Nimm dir Zeit und beobachte einen Berg deiner Wahl ganz bewusst. Betrachte seine Flanken, seinen Gipfel.

Der Frühling beschert deinem Berg blühende Wiesen und gewaltige Massen an Schmelzwasser.

Im Sommer überflutet ihn warmes Licht. Schatten und Farben wechseln sich ab.

Im Herbst trägt er einen Mantel aus leuchtenden Farben.

Im Winter überdeckt ihn Schnee und Eis.

Während all diese Phänomene geschehen, hört der Berg nicht auf da zu sein.

Stell dir nun vor, dass du dieser Berg bist. Er erinnert dich an dich. Da gibt es Zeiten des Lichts, des Aufblühens und der Lebendigkeit. Aber auch Dunkelheit, Stürme und manchmal ist alles grau in grau. All diese Zeiten stehst du durch. Selbst deine äußere Erscheinung verändert sich ständig, so wie die des Berges, der ständig Wind und Wetter ausgesetzt ist.

Werde dir bewusst, dass alles vorbeigeht. Die guten und schlechten Tage. Licht und Dunkelheit. Buntes und grau in grau. Werde still, ruhig, sicher, präsent und gegenwärtig. Wie der mächtige Riese, den du im Blick hast.

Um aufzublühen

Um aufzublühen, musst du mutig sein.
Du musst gewillt sein, dein Innerstes zu
zeigen, dich zu öffnen, dich freizulegen, dich
wirklich aufzumachen.
Um aufzublühen, musst du loslassen
können. Du musst wissen, dass du nie wieder
in den Zustand zuvor zurückkehren kannst.
Du musst dich leiten lassen von der Zukunft,
ohne zu wissen, was auf dich zukommt.
Um aufzublühen, musst du weich bleiben,
beweglich und bereit zur Veränderung.
Du musst einsehen, dass deine Blütenblätter

fallen können, fallen werden. Dass all das zu deiner Entwicklung gehört.
Um aufzublühen, musst du blühen wollen. Du musst zu dir stehen und dich in dem annehmen, was du bist. Du musst dir bewusst sein, dass du durch dein Blühen verletzlicher sein wirst. Du bist draußen, nicht mehr in deiner Schutzhülle.
Um aufzublühen, musst du mit dem Verwelken rechnen. Mit der Vergänglichkeit und dem Verabschieden. Du musst wissen, dass du ausgelieferter bist – dem Wind, dem Wetter, den Meinungen. Du wirst blühen und du wirst welken und du wirst weiterwachsen, in neue Richtungen.
Um aufzublühen, darfst du das Blühen nicht als den Höhepunkt, sondern als Teil deiner Reise sehen. Den schönen Teil, den starken, den hübschen, ja. Den Teil, der genauso dazugehört, wie das Verwurzeln, das Nasswerden, das Wachsen. Wie das Öffnen, das Zurückziehen, das Abschließen und ja, auch das Neubeginnen.

Wachsen ist auch Wachsein

Wenn wir wachsen wollen, wird es Zeit, dass wir ehrlich sind. Dass wir uns eingestehen, was wirklich los ist. Dass wir erkennen, was uns unrund, unbequem, unerfüllt macht. Was uns abhält davon, weiterzumachen, weiterzuwachsen. Dass wir dem, wovor wir uns fürchten, in die Augen blicken und sagen: «Ich sehe dich.» Und mit dieser Angst in Verbindung treten. Dass wir uns nicht sofort von ihr einschüchtern lassen und uns Zeit nehmen dafür, was uns wirklich bewegt und beschäftigt.

Wachsen ist auch Wachsein. Wachsein für das, was rund um uns herum geschieht. Wie es in uns aussieht.

Wachsen geht auch mit Schmerzen, mit Zweifel, mit Unsicherheit einher. Wenn wir ehrlich sind, passen wir möglicherweise nicht mehr in so manche Muster, alte Rollen oder vorgefertigte Schemen.

Und wenn wir ehrlich sind, und dafür brauchen wir den Draht nach innen, die Verbindung zu uns selbst, ja den Mut, wirklich hinzusehen, dann können wir wachsen, in Richtungen, die weiter und breiter und höher sind, als wir sie je erträumen konnten. Und dafür müssen wir wach sein. Wirklich wach.

Streck dich in die Länge!

Stell dich auf deine Zehenspitzen, im besten Fall barfuß auf dem Waldboden. Strecke deine Arme, Hände und Finger so weit es geht in die Höhe. Zieh dich auseinander.

Wie hoch, wie weit, wie viel kannst du wachsen?

Blühende Hände

Wähle einen hüftbreiten Stand oder entscheide dich zwischen Schneider- oder Fersensitz.

Strecke deine Arme nun gerade nach vorne und lege die Handflächen aneinander. Nun öffnest du die Handflächen, sodass sich nur noch die gegenüberliegenden Daumen und Zeigefinger berühren. Drehe die Hände weiter, bis sich die Handrücken begegnen und die Fingerspitzen über unten zu dir zeigen. Die Handgelenke bewegen sich nun im Kreis und die Hände öffnen sich so weit, dass die Handflächen parallel nach oben schauen. Fahre mit diesen Kreisbewegungen fort. Und wechsle nach ein paar Umdrehungen die Richtung.

Kannst du es dir mithilfe dieser Beschreibung schwer vorstellen? Dann schau gerne auf unserem Instagram-Kanal @waldundwort vorbei. Da gibt es ein konkretes Erklärungsvideo für dich.

Der Beginn vom Beginn

**Wir sprechen von Beginn, Mitte und Ende.
Doch dass jeder Beginn einen Beginn, eine Mitte und ein Ende, jede Mitte einen Beginn, eine Mitte und ein Ende und jedes Ende einen Beginn, eine Mitte und ein Ende haben, davon sprechen wir selten.
Lies das Ganze noch einmal.**

Baumwipfelblick

Für diese Übung solltest du etwas tiefer in den Wald gehen. Ideal wäre auch ein Waldboden, der mit Moos bewachsen ist.

Leg dich hin und schaue dir die Baumwipfel an. Welche Aussicht gibt es wohl von dort oben? Wie weit nach unten wachsen benadelte oder belaubte Zweige? Wie eng stehen die Bäume? Nimmt der eine Baum dem anderen Licht weg oder lassen sie sich genügend Platz?

Und dann schaue nur, ohne Fragen, ohne Antworten – in die Wipfel, die Wolken, die Weite.

Räuchermischung «Weiterblicken»

Das brauchst du (je zu gleichen Teilen):
Getrocknetes Fichtenharz
Getrocknete Schlüsselblumen
Getrocknete Schafgarbenblüten und -blätter
Getrocknete Zitronenschale

So geht's:
Zerkleinere zuerst das Fichtenharz mit einem Mörser und vermenge es mit dem grob zerkleinerten Pflanzenmaterial. Im Anschluss legst du deine Mischung auf das Räucherstövchen (mit Sieb).

Tipp:
Lege auf das Sieb etwas grobkörnigen Sand und platziere darauf die Mischung aus Harz und Kräutern. So verklebt nichts und du kannst den Sand sogar nochmal verwenden.

Vielleicht müssen wir gar nicht unbedingt
über uns hinaus-
sondern eher
in uns hineinwachsen.

Was braucht ein Baum, um zu wachsen?

Wasser
Licht
Nährstoffe
Luft
Raum
Zeit

An welchem Ort gedeihst du und blühst auf?

Spiralgedanken

Auch wenn es sich nach Kreisen anfühlt, beginnt nach dem Ende immer ein neuer Anfang. Wie eine Spirale, die sich langsam windend nach oben bewegt, gehen auch wir unsere Lebenswege. Beginnen, gehen, schließen ab, beginnen wieder, gehen weiter, schließen ab.

Erinnerungsstück

Im Wald sammelt man Erinnerungen. Momente, die bleiben.

Um dir deine Waldlichtblicke zu konservieren, suche dir einen Naturschatz (Zapfen, Moos, Stein, Zweig ...). Er sollte nicht größer sein als deine Handfläche. Im Zuge deines achtsamen Spazierganges kannst du alles, was du in Erinnerung behalten möchtest, in deinen Naturschatz packen. Stell dir vor, dass all das Schöne darin Platz findet.

Zuhause angekommen, an trüben Tagen oder jenen, die aus anderen Gründen verschattet sind, nimmst du dein Erinnerungsstück zur Hand und lässt die darin gespeicherten Lichtblicke wieder vor dein inneres Auge treten.

Sonnensuche

Die Sonne suchend wachse ich,
suche das Licht, die Wärme, den Ort,
zu dem ich wachsen,
den Menschen,
zu dem ich heranwachsen will.
Die Sonne suchend wachse ich,
strecke mich weit nach oben,
dorthin, wo ich sie vermute.
Doch sehe ich dann,
dass das Licht bis zum Boden kommt,
dass die Sonne ihren Weg zu mir findet
und:
Die Sonne suchend wachse ich.
Wissend, dass sie nicht nur oben scheint.

Kuschelmeister: Zaunkönig

Wusstest du, dass sich Zaunkönige, die übrigens zu den kleinsten Vögeln Europas zählen, in kalten Winternächten ganz eng aneinander kuscheln, um sich vor dem Erfrieren zu schützen? Dabei rücken bis zu 20 stimmgewaltige Winzlinge in geschützten Einbuchtungen zu einem Knäuel zusammen.

Wald-Pralinen auf Vanilleeis mit Erdbeeren

Das brauchst du:

Frische Triebe von der Tanne oder Fichte*
Schokolade
Erdbeeren
Vanilleeis (gerne auch vegan)

So geht's:

Die Schokolade schmelzen und die frischen Triebe kurz eintauchen. Auf ein Backblech legen und abkühlen lassen. Währenddessen die Erdbeeren waschen, schneiden und mit Vanilleeis auf einem Teller anrichten. Die Pralinen dazugeben und genießen.

***Wenn du die frischen Triebe von Fichte und Tanne erntest, achte bitte darauf, dass du nur so viel nimmst, wie du auch wirklich brauchst. Pflücke nicht den Haupttrieb und lasse von drei Trieben immer einen stehen.**

Frühlingsgefühle

Der Frühling macht alles neu. Frische Wiesen, neue Blüten, entwickelte Blätter.
Die Luft irgendwie anders, endlich warm,
die Sonne endlich länger sichtbar.
Der Frühling macht alles neu, kleidet die Natur bunt, erfrischt den Blick und erfreut das Herz.
Wie der Frühling das macht?
Er weiß, dass der Winter ihm vorausgeht. Er weiß, dass seine Zeit kommen wird. Er weiß, dass er nicht an Daten oder Tage gebunden ist. Er kommt, wenn er bereit ist. Wenn er

genügend Kraft, genügend Licht, genügend Wärme hat, um sein zu können.
Der Frühling lässt sich nicht hetzen, er ist bereit, wenn er bereit ist. Er macht sein Ding und lässt sich von uns zwar benennen, aber nicht einfangen. Der Frühling ist einfach da. Manchmal von einem Tag auf den anderen, manchmal verschwindet er auch wieder für ein stilles Bisschen.
Der Frühling braucht die Regeln nicht, die Vorgaben, die Zeitfenster.
Der Frühling macht einfach.
Und irgendwann gibt er dem Sommer die Hand. Und der, der weiß auch, was kommen wird. Denn er weiß, wer ihm vorausgegangen ist und wer ihm folgt.

Erneuerbare Energien

Indem wir den Wald betreten,
erneuern wir unsere Energien.
Indem wir Waldluft schnuppern,
erneuern wir unsere Energien.
Indem wir Schritt, für Schritt, für Schritt
im Wald schreiten,
erneuern wir unsere Energien.
Indem wir
Waldoberflächen berühren,
Waldesklang lauschen,
Waldbewohner erblicken,
Waldwintersommerherbstfrühling erleben
und uns als Teil des Waldes wahrnehmen –
erneuern wir unsere Energien.

Verwandlungskünstler

Der Wald ist ein Verwandlungskünstler
durch und durch,
dabei mein ich gar nicht die Blätter allein.
Er verwandelt sich ständig, lässt sich nie
einfach so sein.
Der Wald verwandelt mich,
sobald ich ihn betrete.
Macht mich wacher, leiser, geerdet,
sobald ich mich in ihm befinde.
In ihm muss ich nicht leisten, muss nicht
laufen, muss nur sein.
Der Wald verwandelt mich in eine ruhigere
Version meiner selbst.

Was ist ein klimafitter Baum?

Du möchtest wissen, welche Bäume besonders nachhaltig wachsen können? Schon mal vom «klimafitten Baum» gehört? Dieser Baum, der bereit ist für Klimaveränderungen, liebt Gesellschaft. Er mag die Vielfalt und wohnt in einem Mischwald. Der klimafitte grüne Riese trotzt Hitze, Frost und Stürmen. Im besten Fall ist er also ein Herz- oder Tiefwurzler. Je nachdem wo du wohnst, ändert sich vermutlich die Wahl des robusten Klima-Baumes. Deshalb gibt es ein ziemlich praktisches, kostenloses Werkzeug: die Baumartenampel. Mithilfe dieses Tools kannst du für deinen Standort das passende Gehölz finden.

Mehr Informationen dazu findest du unter:
www.klimafitterwald.at/baumarten

Wenn der Wachstumsschmerz kommt, bewundere ich den Baum, der vor mir in Höhen und Tiefen wächst.

Wenn Kreise sich schließen,
öffnen sich Türen.
Wenn Türen sich öffnen,
bereiten sich Wege.
Wenn Wege sich bereiten,
geraten Steine ins Rollen.
Wenn Steine rollen,
hinterlassen wir Spuren.
Wenn wir Spuren hinterlassen,
zeigen sich die Folgen.
Wenn Folgen sich zeigen,
entstehen neue Wege.
Wenn neue Wege entstehen,
öffnen sich Türen.
Wenn Türen sich öffnen,
schließen sich Kreise.

Was tut dir im Wald gut?

Komorebi, Moosgefühl, Harzduft, Ruhe, Grün, Vogelgezwitscher, Wasserrauschen, Windbrise.

Schreibe eine Liste mit all den Dingen, die dir im Wald ein positives Gefühl schenken. Oder mach dir eine Aufzählung im Kopf. Blättere auch gerne das Buch durch und finde Übungen, Ausdrücke oder Poesie, die dir ein besonders gutes Wald-Gefühl geben.

Weiterblicken

Weiterblicken –
in die Weite blicken,
die Weite spüren,
die Weite werden.

Weiterblicken –
uns ausbreiten,
ausweiten
unseren Raum erweitern.

Weiterblicken –
hinter uns lassen,
nach vorne gehen,
nach innen schauen.

Weiterblicken –
Blick um Blick,
Schritt um Schritt
und bei uns bleiben.

**Waldauswärts nur für heute –
bald geh' ich wieder
zurück in deine Tiefen.**

Ein Danke aus dem Wald

Wie man in den Wald hineinruft … in vielfacher Weise kommt das Schöne zu uns zurück! Dafür wollen wir uns von Herzen bedanken. Ein besonderer Dank gilt dabei

Gisela Immich – für deine wichtige Forschung, die Bereitstellung deiner Expertise und das wertvolle Zitat auf der Rückseite des Buches

Karin Buchart – für deine bedeutsame Arbeit und die Ermutigung, sich Träume zu erfüllen

Maria A. Kafitz – unsere Verlegerin und ihr gesamtes Team, die vom ersten Moment an voller Enthusiasmus an diese Idee geglaubt haben und mit uns in einen Wald voller Möglichkeiten eingetaucht sind

M., G. und O. – unsere Partner, die uns an der Arbeit am Buch zu jeder Tages- und Nachtzeit (und in jeder Zeitzone :)) bedingungslosen Rückhalt gegeben haben

Theresa möchte außerdem ihren drei besten Freundinnen (**Anna, Lisa und Melanie**) danken – dafür, dass ihr immer ein offenes Ohr hattet und ihr gezeigt habt, dass man nie zu klein ist, um großartig zu sein.

… und an all die bisherigen Teilnehmerinnen und Teilnehmer bei WALD&WORT – ohne euch gäbe es wohl dieses Buch nicht!

Quellen & Inspiration

Verbindung der Bäume – Mutterbäume

Re-examining the evidence for the mother tree hypothesis – resource sharing among trees via ectomycorrhizal networks; Nils Henriksson, John Marshall, Mona N. Högberg, Peter Högberg, Andrea Polle, Oskar Franklin, Torgny Näsholm (abgerufen unter https://nph.onlinelibrary.wiley.com/doi/10.1111/nph.18935)

Grounding

The effects of grounding (earthing) on inflammation, the immune response, wound healing, and prevention and treatment of chronic inflammatory and autoimmune diseases; James L. Oschman, Gaétan Chevalier, Richard Brown (abgerufen unter https://pmc.ncbi.nlm.nih.gov/articles/PMC4378297/)

Der Wald und du

Antonelli M., Donelli D., Barbieri G., Valussi M., Maggini V., Firenzuoli F. (2020). *Forest Volatile Organic Compounds and their effects on Human Health: A State-of-the-Art Review.*

Was verbindet dich biologisch gesehen mit einem Baum

Chuong Pham-Huy, Bruno Pham Huy: *Food and Lifestyle in Health and Disease*, CRC Press 2022.

Die Linde lindert

Buchart, K. & Wiegele, M.: *Die Naturapotheke,* Servus Verlag, 2018.

Auch der Wald hat seine Grenzen

Broschüre «Wald-Begleiter» des Bundesministeriums für Land- und Forstwirtschaft, Klima- und Umweltschutz, Regionen und Wasserwirtschaft, Österreich.

Brennnessel

Buchart, K.: *Nutrazeutika. Heilende Nahrungsmittel, Kräuter und Gewürze,* Trias, 2023

Weitere Wald-Inspiration zu WALD&WORT

Kern, D.: *Aromatischer Wald: Selbstgemachtes aus den Schätzen der Natur,* Verlag Anton Pustet Salzburg, 2020

Greiner K., Kiem M.: *Wald tut gut. Stress abbauen, Wohlbefinden und Gesundheit stärken,* AT Verlag AG, 2019

Moser M.: Waldeskind: *Die Bedeutung von Wald und Natur für die Entwicklung unserer Kinder,* Servus Verlag, 2022

Wohlleben P.: Buchenleben: *Ein Baum erzählt seine erstaunliche Geschichte,* Ludwig Verlag, 2024

Strolz M.: *Gespräche mit einem Baum: Ein weiser Freund und die großen Geheimnisse des Lebens,* Kailash Verlag, 2022

Immich G., Schuh A.: *Waldtherapie - das Potential des Waldes für Ihre Gesundheit,* Springer Verlag, 2019

Buchart K.: *Das Kräuterhandwerk: Wie Sie die Wirkstoffe der Heilpflanzen gewinnen und für Ihr Wohlbefinden nutzen,* Servus Verlag, 2024

Wohlleben P.: *Das geheime Leben der Bäume: Was sie fühlen, wie sie kommunizieren – die Entdeckung einer verborgenen Welt,* Ludwig Verlag, 2015

Qing L.: *Die wertvolle Medizin des Waldes: Wie die Natur Körper und Geist stärkt,* Rowohlt Taschenbuch Verlag, 2018

Huber, D., et al.: *Long-Term Effects of Mountain Hiking vs. Forest Therapy on Physical and Mental Health of Couples: A Randomized Controlled Trial.* Int J Environ Res Public Health, 2023

Kotera, Y., M. Richardson, and D. Sheffield: *Effects of Shinrin-Yoku (Forest Bathing) and Nature Therapy on Mental Health: A Systematic Review and Meta-Analysis.* 2020

Yeon, P.S., et al.: *Effects of Mobile-Based Forest-Therapy Programs Using Urban Forests for Symptoms of De-pressed Patients.* Healthcare (Basel), 2023

Hansen, M.M., R. Jones and K. Tocchini, *Shinrin-Yoku (Forest Bathing) and Nature Therapy: A State-of-the-Art Re-view.* Int J Environ Res Public Health, 2017

Qiu, Q., et al.: *The Effects of Forest Therapy on the Blood Pressure and Salivary Cortisol Levels of Urban Residents: A Meta-Analysis.* Int J Environ Res Public Health, 2022

Wer hinter den Worten wächst

KATHARINA BACHER

ist Autorin und Kreativpädagogin. Mit ihren verspielten und gleichzeitig tiefgründigen Texten möchte sie Menschen anstoßen, Bekanntes neu zu denken und sich selbst und den Mitmenschen dadurch von einer anderen Perspektive zu begegnen. Sie hat bereits mehrere Kinderbücher veröffentlicht und das Wohlfühlbuch *Vielleicht wird alles viel leichter* (mit Illustrationen von Franziska Viviane Zobel) sowie das Kreativbuch *Spiel mit allem* (beide im Verlag Freies Geistesleben). Mit Theresa Sommerbichler veranstaltet sie regelmäßig WALD&WORT in den Bergen und Wäldern Salzburgs. @die_pampelmuse

THERESA SOMMERBICHLER

ist wissbegieriger Naturmensch, begeisterte Entdeckerin und kreativer Kopf. Vor einigen Jahren hat sie sich dazu entschieden, ihren sicheren Job an den Nagel zu hängen und ihre Begeisterung und Hingabe zur Natur zu teilen – sie weiterzugeben an alle, denen der kostbare grüne Schatz am Herzen liegt.
Im Salzburger Land (Österreich) bietet sie als Bergwanderführerin, Pflanzenheilkunde-Praktikerin, Wald-Gesundheitstrainerin und Waldpädagogin geführte Naturerlebnisse für Groß und Klein an. Unter anderem auch WALD&WORT, gemeinsam mit Katharina Bacher. @naturesa.at

VERONIKA HALMBACHER

ist Illustratorin aus Leidenschaft. Ihre Arbeiten sind geprägt von Liebe zum Detail und von der Inspiration, die sie aus der Natur schöpft. Am Tegernsee zuhause findet sie zwischen Bergen, Seen und Wäldern immer wieder neue Motive. Neben dem Zeichnen widmet sie sich auch dem Arbeiten mit Kräutern und Naturmaterialien – eine Quelle, aus der sie Kraft und Kreativität gewinnt. Bereits mehrere Bücher sowie eine Vielzahl an Grußkartenmotiven hat sie illustriert und damit ihre Handschrift einem breiten Publikum zugänglich gemacht.

@vroni_zeichnet

Gemeinsam sind wir drei WALD&WORT
@waldundwort